结构设计的
新理念·新方法

[日] 渡边邦夫 著
小山广 小山友子 译

中国建筑工业出版社

著作权合同登记图字：01-2006-4136 号

图书在版编目(CIP)数据

结构设计的新理念·新方法/(日)渡边邦夫著；小山广，
小山友子译. —北京：中国建筑工业出版社，2007
ISBN 978-7-112-09734-0

Ⅰ. 结… Ⅱ. ①渡…②小…③小… Ⅲ. 建筑结构—
结构设计 Ⅳ. TU318

中国版本图书馆 CIP 数据核字(2007)第 170252 号

Japanese title：Hiyaku suru kouzou Design
                by Watanabe Kunio

Copyright©2002 by Watanabe Kunio

Original Japanese edition

Published by Gakugei Shuppansha，Japan

本书由日本学艺出版社授权翻译出版

责任编辑：白玉美　刘文昕
责任设计：赵明霞
责任校对：安　东　兰曼利

结构设计的新理念·新方法
[日] 渡边邦夫　　　　　著
　　　小山广 小山友子　译
　　*
中国建筑工业出版社出版、发行(北京西郊百万庄)
各地新华书店、建筑书店经销
北京天成排版公司制版
北京中科印刷有限公司印刷
　　*
开本：880×1230 毫米　1/32　印张：4⅝　字数：142 千字
2008 年 4 月第一版　　2016 年 9 月第二次印刷
定价：**25.00 元**
ISBN 978-7-112-09734-0
　　　　(26583)

结构设计的新理念·新方法——目录

目　　录

透明挑棚的诞生

第 6 章　开闭式的玻璃屋盖
札幌媒介公园、角宿

第 7 章　预制混凝土与张拉结构的足球赛场
蔚山足球赛场

"结构设计"的探讨

在很长的一段时间里,我一直在思考着关于"什么叫设计"这个问题。如果十分简单地谈论设计本质的话,可以说就是通过分析"物与物"、"物与人"、"人与人"之间的相互关系,从中发现新的相互秩序。

例如说,我们要设计一支钢笔的话,首先要把它的功能性摆在第一位来考虑吧?流出墨水的系统和笔尖的关系,粗细、角度、稳定性,以及和纸张的关系,和人的手掌、手指之间的关系,感触、视觉等等与人的感性认识的关系;进一步说,不光是功能性还有时尚性的要求,与插放的西服口袋的搭配,颜色、造型的欣赏性;还有,作为商品的生产性、生产工厂的状况、制作者的技术水平、制作单价、制造工时、销售价格、销售路线……这一切都说明了物与物、物与人、人与人之间的关系。或者说,分析一个个的"人、物、事"之间的联系之后,制定出总体的形象,这就是设计一支钢笔的过程。

在建筑的设计方面,由于这个问题的相互有关联的因素非常之多,所以要进行的分析和统一的工作十分繁杂,需要极度地消耗精力。不过,这也是一项相当有趣的工作。物与物、物与人、人与人,还有单个的人和成群的人的性格又不同,因此也必须将这些内容都纳入考察范围。这样的考察永无止境,也不会令人厌烦。当我们把这些问题都弄清楚的时候,设计也就完成了。因此,我的设计从接受委托开始,到现实中的建筑物建成为止,贯穿始终。

可以说,"结构设计"是结构方案的手法,是把结构应有的状态原原本本地表现在建筑上,实现结构所创造出的美丽的空间调和、跃动感、紧张感,以及出色的居住性能。在这些实践中,高度发展起来的各种各样的技术工学被应用、被统一,于是,具有建筑的安全性、耐久性、经济性的结构设计开始得以实现。这是适用于一切建筑物的思考方法,不论它的规模大小,即便是超高层和大型空间之类的建筑物，或是自行车停放处的车棚那样小小的结构，从它们的结构本质来看，也都是根据共同的概念展开结构设计的。

这里所说的思考方法不是由我初创的，而是我们的祖先早就想过，又在实际的建筑创造中发展而来的。在上世纪50年代中发展的近代结构变化中可以看到这种思想。许多优秀的结构专家如：意大利的皮埃尔·奈尔维（Pier Luigi Nervi）（1891～1979）、西班牙的埃德瓦多·托罗加（Eduardo Torroja）（1899～1961）、美国的理查德·巴克敏斯特·富勒（Richard Backminster Fuller）（1895～1983）、墨西哥的费雷克斯·坎德拉（Felixouterino Candela）（1910～1999）、德国的弗瑞·奥托（Frei Otto）（1925～　）、英国的奥韦·艾拉普（Ove Arup）（1895～1985）、彼得·赖斯（1935～1992）、日本的坪井善胜（1907～1990）、木村俊彦（1926～　）、青木繁（1927～　）、松井源吾（1920～1996）、川口卫（1932～　）等，因他们忘我地从事着的充满活力的设计活动，给这个"结构设计"的手法奠定了方向。

可以认为，近代建筑作为重要主题而提出的现代主义，不仅追求功能性和合理性，而且以"力学"和"美学"，以及"技术"和"艺术"的统一为目标，二者如同车子的双轮一样缺一不可。它们成为"双轮"，从形成建筑的时代发展起来，也可称为新现代主义；我相信，它们之间的关系还不仅仅是"双轮"，而是发展为"表里"的关系了，它们可以相互透过对方看到自己，形成了不可分割的关系。

但是，在另一方面，结构技术存在着传统性的深刻的问题。不仅是日本，全世界都存在着同样的问题。刚好是上世纪50年代的"结构设计"发展的同一时期，全世界开始了建筑的大量需求和供给，为了适应日新月异的发展速度，许多结构技术在法规或标准上作了变更，并被引用到世界各国，因而促进了结构技术的两极分化。

许多结构技术人员盲目地认为，只要一只手拿着法规、标准，另一只手抱着计算机，就能搞结构设计，把自己的独立思考……应该创作什么的思考都放弃了。把有关物与物、物与人、人与人的分析和统一的工作放弃了，这真是一种可怕的状态。其结果是，街道上兴建的一座座建筑物，其中多数在追求"舒适而多彩的空间"时，放弃了追求每座建筑物可能具备的特有的结构方式。每位建筑委托人，以及住在街道里的众多的居民是最大的受害者。建筑必须在所需的建筑设计和结构设计、设备设计，以及施工技术，这四个要素的完全协调的基础上建造，因为结构设计的欠缺只能创造出单调划一的建筑物。如果我们要回到那种创造人人身心健康丰富多彩的生活空间、活动空间的原则上，这种两极分化的现象就必须尽快地消除。

我深切地感受到，一边立足在过去的伟大足迹上，一边思考今后的新的建筑方法，正是"结构设计"的重要的作用和责任。建设的条件越是困难，例如建设预算极端缺少的情况、工期很短、复杂的建筑功能需要统一等场合，来自"结构设计"的探讨越是不可缺少的设计的立脚点。

所谓的"结构设计"是什么？就其思路、手法进行介绍是本书的目的。寻找出各个建筑物所固有的结构上的特性、赋予空间里的排列秩序，在运用技术工学的同时，谋求整体和部分确切的统一，这就是"结构设计"，这里面蕴藏着唯一的，产生新的空间和突破性构思的可能性。

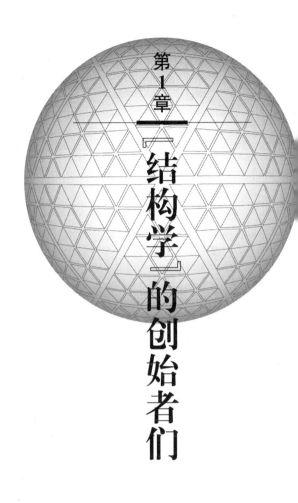

第 1 章

『结构学』的创始者们

"结构学"的学问

技术革新的革命性

18世纪是英国发起了产业革命的时代，继而是我们在20世纪后半叶开始的计算机革命的时代，像这样根本性的技术革新在漫长的时间中进行时，身处那个时代的人无法直接地认识到它是一场社会、经济、政治、军事、宗教、文化、传统的革命性的变革。不管你愿意不愿意，都是人类被推向机械文明的过程，尽管人们直观地察觉到发生了某些变化，但是时代的洪流吞没了一切。和政治革命、军事革命、思想革命等短时期的变革不同，"技术革新"是在漫长的时间当中的连续的变革，所以很难作为一种现象来捕捉。然而，它把社会的各个部门、结构以及人们的生活作了根本性的变革，再也不能回到原来的样子了，从这个意义上说，的确是"革命"。

在17世纪以前，除了掌握财富和权力的上层人以外，人们利用当地出产的木材和石头、砖块、布等材料来建造自己的住房，生活至今。各种地域性、风土性、传统性的建筑，在世界上留下了它的材料和造型变化的痕迹。人们的生活和构成建筑的材料之间、在构筑方法和空间里面，关系越深越能够看出其存在的必然性和千锤百炼的风格。

但是，通过产业革命，"钢铁、混凝土、玻璃"这三种依靠工业力量生产的建筑结构材料成为建筑界的主要材料，从那个时候开始，建筑物的形状就完全改变了。工业生产基本上以多品种的大量生产为前提进行发展，以全球普及由此而来的利润追求为目的，含有巨大能量，具有在全世界扩展的力量。其结果，就诞生了建筑的国际式样，它的普及和发展遍布世界每个角落。在伦敦、巴黎、北京、纽约、东京、在世界的各个都市里，都林立着完全根据同样的技术建造的同样形态、样式的建筑物，真是可怕的现象。

结构设计的立脚点

如果认为建筑是作为居住在那里的生活群体的一个容器，那就需要一个个地将其地域性、传统、习惯弄明确，就需要运用实现空间结构的技术吧。从宏观上看地球是一个整体，但是，生活者的视点是非常微观的具体事物。从微观来看，没有着眼于地域性，建筑是不成立的。因此，现在最需要的建筑创造的基础就是：发现宏观的观点和微观的立脚点之间的融合点。

在近代之前，地域性完全根据物质来决定，可以把来源于物质的技术形象化，建筑创造以样式为媒介，被抽象化了。而在近代以后，人们发觉它们的关系在逆转。我们认识到，现在的地域性和传统都不是具体的形态，而完全是精神性的继承，另一方面，宏观观点的空间结构必须根据国际的先进技术来决定。

"结构"是什么

如果从本质上进一步思考这个手法，我认为，为了把各种各样的科学技术和工学都有力地结合起来，要是有"结构学"这门独立的学问也不错。若要概括地指出"结构学"的基本理念，它应该是关于自然科学体系及社会体系的，各种结构要点的分析和统一的学问，是在静态或动态的状况下，把握各种要点的相互关系。这种意义上的"结构"的概念被应用于世界上各种各样的地方。例如：社会结构、产业结构、经济结构、结构改革、头脑结构、结构渎职、经济摩擦结构、结构语言学……可谓不胜枚举，许多的用语都把"结构"的概念作为共通用语来使用。在这一类用语的"结构"中有共通的意义。将那个社会体系的多种的结构要素作为独立的变数来分解，把它们的相互关系定性、定量化，那些要素和要素之间的关系具有相对正常性的场合，它的结构系统、或是理想的状态等，就称为"结构"。

结构学的始祖

达·芬奇的统一

结构学的始祖可以说是列奥纳多·达·芬奇（1452～1519）。他既是画家、雕刻家、建筑师，同时又是军事技术者、土木技术者、物理学者、生物学者。列奥纳多的手记从他二十岁的后期开始，一直叙述到他的晚年。他将自己感兴趣的各种各样的事，即读书、观察、实验、研究等事物中获取的体会，详细地记录其中。其内容之广泛，对于美术的各个分类的逻辑和实践就不用说了，制图学、数学、物理学、力学、天文学、光学、地质学、水利学、解剖学、动植物学等等，一切自然科学的研究，包括飞机在内的种种机械类的考察、兵器制造、土木、筑城、航海等军事技术的开发，运河、水利的计划，都市规划、桥梁设计等等无不囊括。

这些手记既不统一也无顺序，全是随心所欲的记述，而且是用列奥纳多特有的反转文字(就像镜子里看到的反向文字)记录的，由于书写的文字、符号、语法等方面的错误繁多，解读十分困难，所以直到19世纪以后才终于弄清了它的整个内容。在自然科学的范畴，列奥纳多是第一个在广泛的技术领域里追求统一的人，从这一点来说，他无疑堪称"结构学"的始祖。

笛卡儿的哲学

还有，被称为近代哲学之父，解析几何学的创始者，笛卡儿(1596～1650)的哲学，在现代这种以高度的科学技术为基础形成的社会中，也可以说是思想的起点或源泉。笛卡儿在他生活着的中世纪暧昧的学问的时代环境中，把数学的准确性推广到一切知识的领域，把创造出"普遍学"作为追求的理想。因此，他打破了分割当时各种知识领域的障碍，尝试着通过空间和运动来说明光、太阳、星、虹、磁石、生物等一切事物。

他相信，所谓运动，本质上就是空间性的东西，因此可以有数学性的表现。笛卡儿得出结论：他的物理学以空间为媒介物之后，"无非是几何学"。他把一切归结为科学的统一，也就是说，宇宙整体是由同一种物质组成，天文学、物理学、生物学都应该受同一法则所支配……为了发现那些法则就需要方法，他进行了有名的《方法概论》的论述。《方法概论》的书中，归纳、整理了以下三个要点：第一，"把各个打算研究的问题分割成尽可能多的部分，并且为了最容易解开而分割成所需要的小部分"；第二，"按顺序进行思考，从最单纯最容易认识的对象开始，一点点一点点地探讨，直到可以认识混合的问题为止，可以说就像爬阶梯似的一步步爬到顶"；第三，"在各种场合，直到确信没有遗漏任何一个问题为止，要进行完全的列举和全面的再检讨"。

笛卡儿的形而上学的出发点是怀疑。也许是从我怀疑、我思索、我在、神在、神保证我的认识……这些过程当中，达到了"我思、故我在"的认识吧。我认为，笛卡儿的这种思索的过程和方法论，在经历了三百五十年的今天也依然充满了活力。对于现在的科学和技术工学的永不满足的怀疑和思索，以及对于整体和部分的分析和统一正是"结构学"的立脚点。

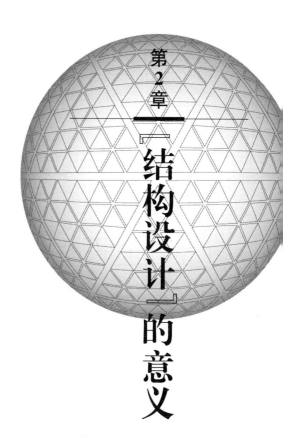

第 2 章 「结构设计」的意义

人与自然

把社会与环境的协调和统一作为目标

从"结构学"的观点来看，所谓"结构设计"，就是把各种技术工学的成果汇集并统一在一个建筑物上的表现。另一方面，像现在这样，社会的价值观越是多种多样，应该创造什么的目的设定就越困难。对于我们来说，建筑必须实现"丰富"而"健全"的空间，如果我们立足在必须把建筑作为社会资产来积累的这种理所当然的想法上，对于建筑附加上足够的"耐久性"又是必然的。为了使建筑物在漫长的岁月里保存下来，不仅需要物理上的耐久性，还需要很好地应用贯穿时代的"美学"，其耐久性才能有保证。

空间的一切"跃动感"、"紧张感"、"动态"、"变化"等等都暗示着作为"结构设计"目标的空间的品质。以创造这样的空间为目的的"结构设计"，它的成立要点又在哪里呢？我在1969年创立了现在的SDG(结构设计集团)，当时曾经像图1那样分析过有关"结构设计"线索的系统。

其图式如下：让人以及人群(社会)和自然以及环境形成两极对峙，通过逐步分析由两极所产生的建筑成立的主要原因，达到"结构设计"的成立。

图1所表达的想法是：左侧的系列，一般被称为建筑规划的领域，但根本没有必要限定自己的工作领域，没有自己的创造性的思想，"结构设计"就不成立。另一方面，右侧的系列，因为是根据自然界形成的原理和原则，来谋求它的应用，所以，想象力在这里就成为必要的条件。正是这些双方的调和与统一，成为"结构设计"的中心内容。

结构设计的构成因子

领会隐藏的重要因素

图1表示从大局观点对"结构设计"作出的位置安排，而进一步对这些问题作出具体分析的则是图2。

如果从结构设计的整个分类来看，分成了"力学"、"材料"、"施

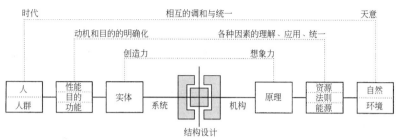

图 1 结构设计的成立要点

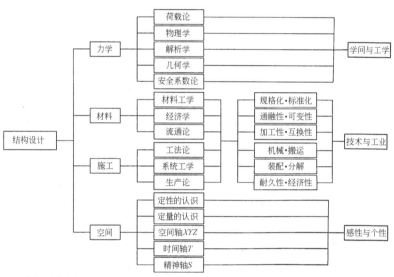

图 2 结构设计的构成因子

工"、"空间"四个因素。并且在这些因素组成以及它的综合化作业中，必须考虑到隐藏着的"安全性"、"经济性"、"耐久性"的主要因素。尤其要考虑到现在的世界正受到"金钱的绝对法则"所支配的事实，无视"经济性"因素的建设将无法实现，这是显而易见的事。

结构设计与力学

从荷载论到安全系数论

荷载论是"力学"的出发点，像各种各样的外力、自重、装载、装修、设备、风、地震、温度、冲击、水压、土压、积雪等等，通过对于这些事物性质的理解和结合详细调查的定量化作业，力学被特定化。许多荷重不是静止的物体而是运动的，也就是说，是随着时间而变化的，因此它的实体是复杂的。当然其中也包含了地域性的问题，一概而论的荷载论是危险的同时也过大。

只要在这个地球上进行建设，就有各种各样的外力能量起作用，平常作为最大负担的能量是地球的引力。它和那个结构体的重量有直接的关系，所以通常可以将其分成固定荷载和装载荷载来考虑。不用说，固定荷载是材料的重量，装载荷载是地板上的人和物、机械之类的重量。为了把这些荷载高高地堆到空中，需要巨大的能量。在土木工学上，称它为恒荷载和活荷载。我认为这种称呼是以前从欧美技术传入之时，将 Dead load 以及 Live load 直译过来的，以前觉得它是未免太日本式的直译，曾经很不以为然。但是在最近我开始认为，在建筑上说固定、装载荷载，不如称它永久、可变荷载的直译方法倒是更为含蓄的称呼。我们想想看，结构物当中称为固定荷载之类的物体一般不多，充其量就是基础、柱、大梁之类，像楼板、墙之类则经常被拆除或被增设。至于装修或设备的重量等，也随着时代的发展很快地发生了变化。因此，如果用"恒荷载"来称呼，就意味着超越了时间而不变的荷载，"活荷载"则意味着跟随时间的变化而不断变化的荷载，这种称呼与建筑的实情相符。

此外，在经常发生的结构物的应力方面，还有根据温度变化而不同的现象。这是个棘手的问题，因为构件上会发生意想不到的极大应力和变形，所以对应方法就非常重要。而且，也有必要根据构件的表面和内侧的温度差来促进应力发生的实际状态。因为这是地球上无论哪里都经常发生的荷载。

必须认识到，地震、风、雪、支点移动等等，是和地域有密切关系并随着时间发生变化的立体的动态荷载，同时又是不均等分布的不均匀荷载。

如果能够设定荷载，假定某种结构系统，就能够应用物理学和解析学了解那个结构物上发生的应力和变形。最近，由于计算机的发达和普及，能够进行多次试算，所以能够在头脑里正确地映现出力的变化。

但是眼睛看不见力，也无法触摸。把那个力变为视觉可见的形象就是几何学。通过几何学，可以把看不见的力的变化在立体空间形成实体。几何学很快就朝着形态论展开，被应用于建筑。通过无数次的实践，反复地体验了问题点、矛盾点、达到目标的程度，使几何学在建筑上成长起来了。

但是，因为这个实体化的形态取决于最初的荷载设定，所以在它的思考程序的某个部分必须应用安全系数（注：中国一般采用"分项系数"说法）的概念。作为工程师本身来说，为了确保结构物的"安全"，对于能够确定的荷载采用小的安全系数，而对于时间系列上不确定因素较多的荷载则采用加大安全系数的做法。不需要在整个结构物的所有方面都采用安全系数，最重要的是针对荷载性质的具体的各个部分采取对应。因此，我不能苟同像一般所说的那样，采用大的安全系数就是不经济的结构这种想法。具体的安全系数论并不是否定经济性，而是保证结构物"安全"的惟一方法。

因此可以说，"力学"的入口在于荷载论，而出口在于安全系数论。它们通过学问和工学演变成实实在在的东西。

结构设计与材料

任何地方都没有国际性的原材料

材料作为第二个的构成因素，也是结构设计中不可缺少的一个着眼点。既然近代建筑依靠钢铁、混凝土及玻璃这三种工业制品建成，那么关于这些材料，就必须有设计者独自的见解。并且这些技术内容已达到高速的发展，涉及许多方面的材料也都出现在我们身边了。

例如，以钢铁来说，从最近期的轧制钢材的普及，到高强钢的实现，铸钢、锻钢等钢的自由造型，耐候性钢板、耐火钢、耐热钢等等，出现了多方面的材质和制造方法，在正确把握这些铁的性能状态的基础上，"铁的设计"就变得可能了。在今天，各种各样合金的实际应用，使用钢缆之类的线材形成拉力场等等，广大范围的利用已是人人都会的时代。

这种状况在玻璃和混凝土方面也一样。就连砖、石头、木材等传统的结构材料，在近代建筑中也以现时代的技术为背景被充分地利用着。木材中的合成技术也发达起来了。

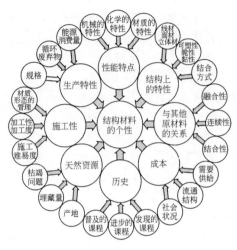

图 3 结构设计与材料

当你要在"结构设计"中活用这些材料的时候,其固有的材料工学是很重要的,但是有关其周边的经济性、流通网的实际状态的认识也很重要。因为它们是和地域性具有很深关系的问题。

在近代工业中立脚已稳的钢铁和玻璃及混凝土,渐渐被认为是国际性的结构材料。在工学的意义上,世界中的东西都同样,但实际供给的"东西"受资源和经济及流通的情况所制约。我们的"结构设计"不是强调方针而是重视实质,因此必须建立起立足于地域性的材料论。

结构设计与施工

左右设计的施工方法和生产系统

接着第三个因素是"施工"的问题。作为"结构设计"来说,没有把那个结构物的建造程序(施工)同时立案它就不能成立。在今天,不了解与建设有关的机械器具、装置的内容,以及零部件的制造方法等,就去进行结构设计的事情几乎是不可能的。往往都是在新的工具设计好之后,"结构设计"才成立的场合居多。

成为施工轴心的无非是工法论。现在世界上有多种多样的工法,这些工法应用中的积累或是新工法的设计,使"结构设计"变得具体可行;而反过来也可以说,"结构设计"的设计内容为工法所左右,也受到了很大的影响。

从宏观来看,工法是为了效率良好地进行建设的方法论,所以,为了达到其目的，结构物的成立条件是否系统化将关系到它的成败。系统工学具有广泛的意义，而它与工法也不得不具有很深的关系。

同时，每个时代和它的社会生产系统及工法都密切相关。如果把工业化作为"结构设计"的一根支柱，图2的右侧所写的各种要素，部件或系统的规格化、标准化，其相反构思的通融性、可变性，以至加工、搬运、组装等工业手法的开发，部件的互换性，分解、拆除及其相关的再利用系统，再加上支持这一切内容的耐久性、经济性等等，都会成为重要的因素吧。把这些凌乱的技术工学凝缩在一个建筑里的作业无非是"结构设计"。

结构设计与五次元设计

何谓"五次元的结构设计"

把这些"力学"、"材料"、"施工"有关的技术工学的进步成果归纳起来，就满足了"结构设计"的必要条件。

接着，要完成"结构设计"的充分条件是对第四种的构成因素"空间"的认识。工程师个人在这方面有了独自的见识、思索、感性之后，才能创造出特有的空间。为了把多种多样的技术进行分析统一，需要贯穿整体的概念、哲学，若缺乏一个完整的概念和哲学，即使完成了分析也无法进行统一的作业。只有工程师个人对于各种各样的问题根源的定性、定量方面都有自己的认识，经常把那个问题放到立体的空间里去，思索"丰富"而"健全"的空间是什么，才是"结构设计"的构成因素中是最重要的事。

我把这种空间认识称为"五次元的结构设计"。五次元当中的三次元是规定空间的 X、Y、Z 的轴线，自古以来这个问题已经很明确了。在结构设计的场合，这个空间轴里大幅度地参入了力学、物理学、几何学以及材料学的重要因素，要求保持作为实体的立体空间和外力的平衡。随着最近计算机的进步和发展，无论怎样的立体结构物，都能够以很短的时间来作高精度的分析，而我也充分地享受着这些好处。但是，就像前面谈论力学时说过的一样，在结构分析中，运用计算机的时候有"入口"和"出口"之分，"入口"是从荷载论方面对作用于那个建筑物的外力(荷载)的定性、定量的把握，而"出

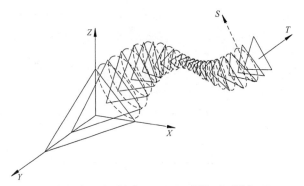

图 4　结构设计和五次元设计　空间轴：X、Y、Z　时间轴：T　精神轴：S

口"则是安全系数论。其立体空间的应力和变形所代表的结构物的定性的、定量的性状，即使通过高度的分析技术被弄清，但是如何评价它的结果，如何具体地空间化，也要根据对于安全系数的考虑来决定。由此判断，对于这个入口和出口的认识，在决定三次元的空间轴方面，是极其重要的认识。它也成为进化的基本，自然界里具有的形形色色的美丽造型已证明了这个道理。

结构设计中的时间坐标轴

正如众所周知的那样，把空间轴移动、展开的是时间轴 T。在结构设计中的时间轴里有完全不同的三个概念。

其一，是我们的祖辈积累起来的各种才智、思想、哲学以及科学、技术、工学，从历史的观点看，也属于认识的问题，即：现在自己应该建造什么？或者是能够建造什么？另外，也包含着以个人自身在漫长的岁月里积累的资料和反省、经验为基础，对于当时体系的结构物的搭配的形象。不是把历史前进中获得的成果规定在它的延长线上，就连飞跃的原动力也不能不考虑对当时体系方面的认识。

然后第二种是时间轴和前面说过的外力（荷载）之间的关系。把地震、风、雪、温度、装载等随着时间的推移而发生变化的外力，当成静止的荷载重新安置是根本不合理的。我在这里说的不光是振动论的时间推移，更重要的是概率论的时间轴的问题。是每一种外力以怎样的时间周期或概率发生的问题，如果能够了解这些问题，就很容易发现对应的方法吧。

第三种的时间轴是结构物建成后的问题。结构物竣工后，随着恶化现象、疲劳现象的出现，产生老化的问题是人人都知道的事，但是直到现在，在最初的结构设计中，都没有把这个因素考虑进去。为了尽可能推迟老化，所考虑到的只是采取一些处置的程度。我一直在想：要是能够预测到随着时间的推移而发生的建筑物老化情况，并将它考虑进最初的结构设计中……在这个问题上，即使前面提到的外力的概率论只是一种推测也要附加上去，它要成为前提条件。如果从地震来考虑就很容易理解这个问题。因为说，即使刚刚竣工的结构物维持着设计上的塑性屈服强度，在数十年后，它的塑性屈服强度的水平也不可能不发生变化。然而，作用于那个结构物的地震力也可能在塑性屈服强度减少的数十年后发生。在那个时候，那座结构物的安全性将得不到保证。从反面来看，对于不知何时将发生的地震，如果为了随时保证安全，而现在就进行设计的话，也可以说，它容易形成过剩设计，成为地球资源的浪费。能够整理归纳这些问题并建立工学秩序的，不外是这个意义上的时间轴 T 的设定。

决定方案之方向性的精神坐标轴

然后，关于结构设计的最后次元是精神坐标轴 S。这个坐标轴具有多种多样的主要因素。从开头来说，结构设计与"人"和"社会"的关系，那个建筑物诞生的环境，设计队伍的组成，参与计划者的愿望，结构设计者的实力、气力、体力、对于事物形象的固有认识、主张、自我表现等等，是这种种因设计环境而产生的坐标轴。根据这个轴线的设定、设计的配合方法、理解程度、决定的方向等，将决定性地规定了结构设计的内容。在五次元设计当中，精神坐标轴是最重要的、有决定性作用的。

在这里，主要应该建造什么的目的论成为议论的中心，如果考虑到其他四轴应该怎样制作的方法论，就知道怎样决定计划的方向性。对于技术人员来说，这个精神坐标轴非常重要。就好比原子能的技术人员，当他们不理解自己开发的技术是为了和平还是为了战争的时候，拚命工作是件毫无意义的事一样，如果不关心目的而只是关心手段的开发，那就脱离了结构设计。精神坐标轴不能像空间坐标轴 X、Y、Z 和时间坐标轴 T 那样作为实体表现，但是在结构设计上也具有支配能力。

第3章

PC和层积材的结构

海洋博物馆·海洋美术馆

PC 的收藏库

与内藤广的相遇

在我上大学的时候(1963 年)，墨西哥的费雷克斯·坎德拉的华丽的双曲线抛物面壳体结构的写真集和西班牙的高迪的奇特的建筑群一起，初次被介绍到日本。虽然意义完全不同，可是，这二人的作品对于我们这些学生来说，当时真是深受震撼，留下了强烈的印象，即使后来迈入社会之后也始终难忘。我总想尽量找个机会去看看实物，而得到那个机会则是在很久以后的 1972 年。当时，我在西班牙没有一个认识的人，于是就和台湾来早稻田留学的郭中端(此人对于建筑界的人际关系可称万事通)进行联系，希望为我介绍认识的人，他回答说："有个最近刚从西班牙回来的朋友"，我立刻打电话去联系，对方就是建筑师内藤广。他结束了两年的西班牙的生活，和太太一起乘坐巴士刚从丝绸之路旅行归国。他热情地为我说明了当时的西班牙建筑的情况，介绍了许多朋友给我。那是我第一次见到内藤先生。

在伊势湾的小高地上看到了梦

在我访问了巴塞罗那之后，曾有过几次与内藤先生共事的机会，不过，当时我们相互间还没有更深的交往。在 1985 年的 10 月，我接到内藤先生的电话，约我一起到三重县的伊势湾去，在鸟羽地方，我见到了石原先生。他是一位温文尔雅而又意志坚韧的研究学者，是当地文化财团的馆长，担任着以伊势湾为中心的，传统的渔民生活用具、渔船、捕获工具的收藏工作。

于是，我得知他与内藤先生正在制定一个计划，要在伊势志摩湾深处幽静的丘陵地带，面向大海的小高地的半山腰上，建造一座新的设施。他们和我商量说："打算建造传统渔民文化的研究设施、收藏库、教育用展示场，但是目前没有建设经费，也没有建设工程的计划表，可是又希望尽快建成，设计费目前也无力支付，但是有梦想，希望珍惜日本的传统文化，你能协助我们吗？"

实际上，这是建筑师内藤广在组建设计队伍时的老一套方法。内藤先生从来不会对你说："为了实现我的建筑，请在结构方面给予协

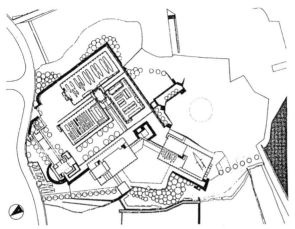

图1　海洋博物馆　左上的3栋是收藏库，下面2栋是展示栋，图的右侧是伊势湾的海岸线

助"。他首先让你认识业主和建设地点的魅力以及工作的意义。他采用的态度是：如果你想参加这么有意义的建设工作的话，也可以投入呵。我希望把自己对于结构设计的一些想法在实践中应用，所以不知不觉地就落入圈套，恳求说："请一定让我参加"。

当时，石原先生已拥有庞大数量的收藏品，所以建设这个收藏库是迫在眉睫的事。我们打算得到当时文化厅的补助金后，就尽快投入收藏库的设计，但是我们被告知，作为国家的方针，文化厅如果支付了一次补助金，那么对同样设施就不会给予第二次补助。那意思就是说，以文化厅的预算建造的设施，优良的耐久性是绝对必要的。因为是贵重的文化遗产的收藏库，希望能够使用二百年到三百年。

所以说，和内藤先生共同建设这个设施的基本方针，就是如何实现经济性和耐久性，是挑战一个极为朴实而又困难的主题。

建在海边的收藏库的屋顶和结构

如何保护这个建在海边的设施不受盐水侵害，还有大型台风的袭击、地震、室内气候的保持要求等问题，我们决定由内藤先生负责屋顶材料的研究，由我负责结构体的研究，来共同面对。

首先是屋顶材料的问题，根据内藤先生的调查结果，得出了具有讽刺意味的结论：在科学技术如此发达的今天，日本传统的瓦片依然

图 2　形成了船底般的内部空间

是最合适的材料。也许，具有恰当的排水坡度的日本传统瓦片，能够经受漫长岁月的风雨侵袭吧。屋檐要尽可能向外延伸，以求保护外墙面。

支撑这个屋顶瓦的结构体方面，将使用品质稳定的高强度的混凝土部件、预制混凝土。采用在工厂里用钢模板制作高密度的混凝土构件，然后将它运到现场进行组装的工法。现场的构件连接采用预应力混凝土后张法进行压接。这个结构工法是我在长年的研究中获得的经验，无论耐久性或经济性方面都很有自信，即所谓 PC（预应力混凝土，预制混凝土）结构法。

以初浅的力学创造的梦幻般的空间

因为要求内部空间尽可能敞开，所以把柱和墙集中在建筑物的外侧，从外部环境来保护内部空间的同时，对于各种各样的荷载，如果能够找出合理的抵抗结构系统就解决问题了。

配合屋顶瓦所必要的坡度，如果以山形构架为造型，基本上可以使整个结构秩序井然地形成。山形构架的弱点是在上端处产生推力，向外推出的力量很大，所以，如果在这个位置左右对称地加上拉杆就稳定了。可是，若采用水平的拉杆就忽视了对内部空间高度的利用，所以做了事例研究，观察了拉杆慢慢向上方挪动插入的变化情况。发现只要向上方挪动一点点，拉杆的效果就减半，山形构架的构件尺寸就变得很大。

于是在这个构架中将拉杆改为弓形连接件，以补充山形构架的弱点而形成稳定的结构，同时，把弓形连接件的位置从构架挪开半格，使各构件的接合位置不至重叠。

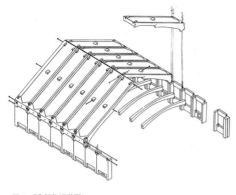

图3　PC部件组装图

柱和墙板作为产品整体
地制造，屋顶板和构架肋板
是整体式。墙和屋顶都采用
这种方式确定了结构的承载力和接合的详细情况。

　　尽管是如此初浅的力学也能创造出有自己特色的空间。挪动半格
的弓形和山形构架的共存，是依靠PC这种技术来建造，它的结果使
内部空间像置身船底似的，实现了美丽的梦幻般的空间。

PC 的魅力

称为 PC 的新型结构材料

　　"PC"不是RC(钢筋混凝土)的代用品，它也不是由于劳动者的高
龄化、熟练工不足的结果而登场的。它是在混凝土结构中的独立的固
有的材料，其中含有的技术中隐藏着使我们痴迷不已的通往崭新的建
筑之路的可能性。

　　"PC"中包含着两个完全不同的技术。一个是预制(PCa)的技术，
另一个是预应力(PS)的技术。不管哪一个都是将混凝土作为主体，取
头一个字母P放在前面，所以容易混淆，可是在原先，这是两种互不
相干的技术领域。然而，正是因为把这两种技术合二为一，使我们能
够得以探讨"PC结构"的令人吃惊的可能性。

　　预制方法是通过将混凝土构件进行工厂生产化的技术，它能够大
量地廉价地向市场提供高强度高品质的制品。可是所谓高强度只是针
对压缩力，在拉力方面却很弱。也就是说，如果出现拉力就很容易发
生龟裂了。于是，为了使它的高强度的性能得到充分发挥，通常只要
让那个部件置身于压缩场里就可以了，所以和预应力的结合是合理

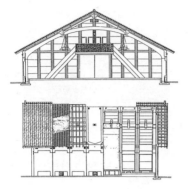

图 4　收藏库的剖面图　跨度 18m，屋顶 5 寸斜度（10：5）。下面是长边剖面的模型图

的。为了使变形也得到控制，不仅是应力场，先张法、后张法的技术都是必要的。人们从四十多年以前就一直在苦苦地寻求关于无干燥收缩的高强度混凝土和高拉力钢的组合，原因就在这里。

另一个重要的着眼点是：预制品作为部件由工厂生产，所以在现场组装的时候，部件之间当然有接缝产生。也有的人采用现场浇筑的混凝土加固接缝，或是用铁件进行接合等方法，可是这么一来，部件所特意要求的高强度、高品质却在接缝处出现了性能低下的问题，抹杀了预制品的高性能。因此，像这种地方如果使用预应力的技术，利用后张法能够把部件直接接合。只有把两种技术像这样地结合起来的时候，我们才能把"PC"这种新型结构材料掌握在手中。

何谓 PC 结构的设计

一般说到混凝土结构物的设计，往往就会想到如何将混凝土的表面做得漂亮，部件形状是否美观这些领域。但是更加全面地抓住问题点对于设计来说是非常重要的，也就是对那个建筑物整体的秩序和部件的结构、功能性和耐久性，以及设计那个建筑的生产性，和为了获取经济性的各种安排，在这些计划、安排之间进行平衡、协调的工作，应该把这一切都看成"设计"。

"设计"不仅是建筑竣工之后的结果论，还包含着设计那个生产的全过程之意义，所以，PC 结构设计的有关因素很多很复杂。不仅是设计者的感性问题，技术工学的知识在形成设计的领域上至关重要。我们知道，把预制和预应力这两种的技术合二为一的做法，对于"设计"来说也是 PC 化的原型。

图5　收藏库内部　中央的连接弓形与屋顶板相错半格

为了像这样地推进包含生产论的"结构设计",不仅只是设计人员,还要求与推进实际工程的建设者有密切的关系。在这个收藏库的工程中,倘若没有黑泽亮平的参加恐怕难以实现。他是 PC 技术的研究者,也是这个技术普及的推进者,他还是将 PC 的制作、组装工程进行实践的专业公司的经营者。我在自己的"结构设计"的实践当中,在必须应用 PC 的许多情况下,都仰承了黑泽先生的指导。所以我们分享了他对于 PC 的热爱和挑战的精神。

建筑师为了使建筑得以实现而进行的探讨

这个工程完成于 1989 年 6 月。为了完成建筑师内藤广设计的建筑,我们进行了许多的探讨。例如环境、立地条件、超乎建筑委托人的感情和热爱,这些宏观的观点,以及放进收藏库的日本船的排列、钓鱼钩的摆放等等,极其细微的微观的考虑,能使二者协调吗?这一切决定于从宏观和微观的观点来摸索建筑应有样式的态度和实践这些想法的能量。

因此,当收藏库完成,转向下一个展示栋的设计时,内藤先生前来征求我的意见说:"是仿照收藏库以 PC 材料设计展示栋,还是索性完全相反地以木造来设计呢?"这个时候我回答说:"不管哪一种都有许多可能性,所以我服从内藤先生的考虑和判断。"几个星期以后,他提出:展示栋和收藏库不同,不需要高度的耐久性,不如优先考虑参观者的亲近感,向木造挑战吧。

图 6　PC 部件在工厂制作之后运到现场，用吊车拼装

图 7　墙构件的拼装

图 8　拼装中的 PC 框架　里面的操作平台是移动式的，顺序地组装框架

图 9　露出在外墙上的钢琴线的固定端盖子

层积材的复合结构

创造出木结构的现代美

展示栋是为那些前来学习了解渔民生活历史的中、小学生及一般的参观者们提供的，人群聚集相互交流的空间。和收藏库相比，需要完全不同的明亮和华丽。

展示栋决定采用木结构。然而，如果是一般的制材，也存在干燥收缩的问题，对于 18m 跨度来说，在材料的稳定性这个意义上还有令人不安的因素。于是打算在这里利用层积材，不过既然是木结构，就希望尽可能地应用传统的木结构技术。我非常反对类似最近的层积材建筑中常用的，使用大截面的层积材，在它的接合处贴上铁板用螺栓固定的做法。我觉得那样做将破坏了木材天然具有的美丽的材质感，而且，反正用许多螺栓劈里啪啦地固定的话，还不如当初就采用钢结

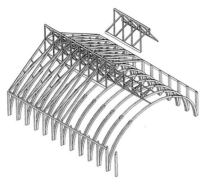

图10　层积材组装图

构的更好。创造出木结构的现代美的问题成为一个课题摆在了我们的面前。

结果，在这里把三种结构方式结合起来应用了。一种是在屋顶瓦上添加了山形框架，不过为了提高屋顶面的水平刚性，不采用平行的布置，而是考虑倾斜地架设框架。又在那个框架下面设置拱形结构，用支柱和山形框架连接，把屋顶的荷载分散到两个结构上。然后在这些并列的框架和拱形结构的顶部，把2段的立体桁架在直角方向贯穿。这么一来，就能够使长边方向的力也分散了，从平面的结构变成了立体的结构。立体桁架的顶部镶上玻璃，也可以作为屋顶天窗、换气窗来利用。

构件的结合

像这样把三种结构系统结合使用的目的在于：为了尽可能地减少各个构件之间发生的应力，要把构件(层积材)截面变小，这样做的同时，构件之间的应力传达的量也减少了，所以接合细部也变得紧凑了。而且，这种做法也最能够获得木造的美丽空间。

拱形构件不可能将整个跨度一齐制作、搬运，所以必须考虑到在什么地方进行现场接缝。于是把接缝位置分成两处，把构件分成三个部分，将两侧制作一对，中央构件制作一个，在现场的接缝采用两侧夹入后螺栓固定的简易方式来解决。

因为只用支柱连接着拱形构件和它外侧的山形框架，所以各自的结构系统都保持着原来的功能，但是，如果说它们之间不仅有支柱，还加入了斜杆的话，就一下子形成了桁架结构，这个方案能够产生完全不同的力学特性。拱形构件和山形框架都能够把构件尺寸减少约一

图 11 从顶部天窗射入的充足的光线

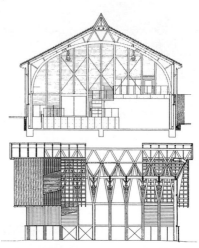

图 12 展示栋的剖面图 跨度 18.6m、屋顶 5 寸坡度。下面
是长边剖面的模型图

半，在数字方面是很有魅力的，所以也曾把这个桁架方案列为研讨的对象，但是做出模型来一看，这个屋顶的结构变得乱七八糟了，确实每一根的构件采用小的就可以达到要求了，可是整体的结构太过繁杂。

以同样的意义，看待架在中央长边上的立体桁架，因为它的跨度大，所以采用桁架是最合适的，但是构件的接合部操作很困难。在桁架的交点处预备好五金件，从那里向各个构件方向伸出支架，把层积材插到上面用螺栓成直角固定，这是寻常的想法，但是这么一来上面布满了五金件，和当初设想的美丽的木造榫接相距太远了。

在设计阶段归纳的想法是：因为是桁架结构，所以发生在构件的应力基本上只有轴向力，并且就这个建筑物来说，由于屋顶瓦的重量很大，即使发生台风或地震，构件顶端的压缩和拉伸也不会发生逆转。因此，可以把传递压缩力的细部和传达拉力的机构明确地分开来吗？对于压缩力来说，只要构件端紧贴着传递力的其他构件就可以了，所以只需要提高端部的加工精度就没有问题了吧。可是，如果考

图 13　展示栋的内部

虑到组装精度，因为完全的紧贴是不可能的，所以打算在这里打进木制的楔子。问题在于拉力的传达机构，因为只要拉力不作用在那里就行了，也就是说，如果能够把 PC 技术中的预应力应用在接口处，问题就一举解决了。

在普通的木材上沿着构件轴线方向开洞是件困难的事，因为这里用的是层积材，所以在层叠构件的时候，中央的薄层如果改为三分之一的宽度，把中央去掉的话，构件的中央就自动地形成了四方形的洞。如果把 PC 钢棒穿过那里，顶部用小型油压千斤顶施加拉力固定在杆端，就可以把压缩力导入榫接部位。拉力的大小在桁架的整个长度上发生变化，所以，如果根据它的变化决定导入拉力的量，就能让木材在受保护的状态下，以最小量的紧拉力，稳定的桁架，并且在它的接合部位不露出外面的状态下完成这项工作。

这个创造依靠集体的努力和体力完成了

实际的工程在当地的木工大师——大西胜洋的指挥下进行了。从工程一开始，利用预应力的这个桁架的接合新方案就遇到了层积材制作的工程师和大西先生的激烈反对。说是根据这样的建筑详图，在层积材的制作以及将它精度良好地整体组装方面都不可能实现，所以在多次的讨论之后，我们也把这个方案撤回，再次设计了建筑详图。这个设计方案就留待下次的机会了。

当然，大西先生远比我们精通木工技术。相对我们在计算机上面所作的乱糟糟的设计，大西先生的意见更有见地得多。处于周围都是近代工业品包围中的设计环境，如何珍惜保存和继承这些优秀工匠的

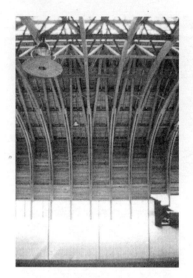

图 14　层积材的排列和接合

图 15　层积材的重叠方法

能力，对于今后我们的"结构设计"也是重大的课题。

　　这是常有的事，虽然工程遇到了困难，但是，集结了全体员工的努力和体力终于成功地建造出的建筑物，清清楚楚地见证了我们超越的各种各样的矛盾。

　　持久不衰的坚强意志是创造新型空间的原动力

　　当我从事木结构的设计时，总要查看表 1。因为我希望从木材与其他材料的物性比较中找出木材的结构特征。木材（层积材）具有与混凝土同样程度的压缩强度，这是众所周知的。并且拉伸强度也很大，在这个意义上与钢结构类似。弹性系数根据木种不同有很大的不同，因此必须注意，而米松层积材约是混凝土的一半，十分柔软，比强度接近铁。

　　钢筋混凝土作为构件成立的充分条件取决于混凝土与钢筋的线膨胀系数是相同的，而美国松层积材的膨胀系数约是钢筋的三分之一，因此，如果与钢筋组合，必须注意温度的变化。

　　木材的最大特征在于它的材料是正交各向异性。与材轴方向的压缩强度比较，它的直角方向只有 1/10 程度，在接合部不得不控制下陷强度。作为木材独自的问题，有干燥率以及与它有关的徐变问题。

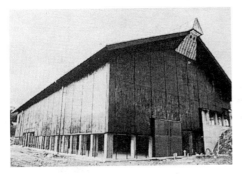

图16　展示栋的外观

图17　长边侧面的模样

表1　材料特性比较表

	混凝土 (f_c＝240)	铁 (SM490)	木 (美国松层积材)
压缩强度(kg/cm²)	240	5500	315
拉伸强度(kg/cm²)	16	5500	315
剪切强度(kg/cm²)	24	3100	36
比重	2.40	7.85	0.60
弹性系数(kg/cm²)	210000	2100000	110000
线膨胀系数(1/℃)	0.000012	0.000012	0.000004
截面	各向同性	各向同性	正交各向异性
比强度	104	700	525
复合单价(元/m³)	80000	2355000	250000
单位压缩强度的费用	333	428	794

　　单位压缩强度的费用这一项是我根据自己的经验任意制定的复合单价，不必太过相信，但是在设计的时候，和结构系统的有关方面是否做到节约成本，可以将这些数据作为检验的资料。虽说是混凝土、铁、木，它的种类也是多种多样，所以这个表上的数字只是一个例子，尽管看到的只是如此简单的一个表格，也忍不住会涌出这样的想法：对啦，下次来挑战这样的木结构看看吧。

　　从海洋博物馆的设计开始到竣工，耗费了7年的岁月。一切都是在黑暗之中的摸索，石原馆长、内藤广的执着信念和坚持不懈地努力真是令人惊叹。我觉得自己是被他们的热情吸引着走到现在的。但是，通过这个设计我也学到了许许多多。其中最大的成果是亲身体会到：持之以恒的坚强意志是创造新空间的唯一的动力这个道理。

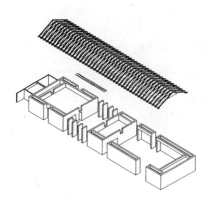

图 18　RC 和混合木造屋顶

图19　原饰面混凝土的外观

RC 和混合木造

应用简单的结构，以合理性和美为目标兴建的海洋美术馆

展示栋的工程进入尾声的时期，海洋美术馆"志摩美术馆"的设计开始了。距离海边博物馆约 100m 左右的小高山上面就是美术馆的建筑用地。这是个小规模的建筑物，但是，无论内藤先生还是我，都完全没有把它当成海边博物馆的附带建筑而忽视，倒不如说把它看成是 PC 或层积材建筑的总结性建筑而全心全力地投入。

我们计划建造混凝土的墙和柱子，上面再安上木造屋顶。为了把木板的截面控制在最小限度内，采用了混合结构，以钢筋棒圈围加强木造。这种简单明了的结构方式就这样形成了这个建筑物的外部及内部空间。"Simple is the best（简单是最好的）"这句话，不仅在日本，就是众多外国的工程师也都时常说的，也是成为结构设计之目标的口号。它在各种结构物上都可以说，但实际上这个 Simple 相当困难。因为在 Simple 的后面隐藏着"合理性"、"必然性"、"美观性"等等，如果不明确其不同的价值，作为结果的 Simple 就毫无意义。

墙面是原饰面混凝土。"饰面"的技术是我们的前辈历经半个世纪而研究开发出来的成果。美丽的混凝土外观比贴上昂贵的石材更显得典雅大方。它能够确切地表现出混凝土的粗犷力度。不过应该说，

图 20 混合结构的内观

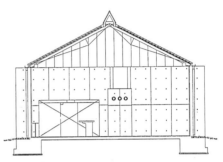

图 21 海边美术馆·剖面图

图 22 门厅

为了达到这些目的，如果没有相应的设计技术、施工技术，还有表面处理工学作为支持，恐怕会失败的很惨吧。

这个混凝土墙的上部不安装主梁。把木造屋顶直接就安放在墙上。因此计划好屋架的划线定位，用钢筋棒安上连接杆。木造的屋架和铁的下弦杆的组合是相当古典的结构手法，这是罗马的古寺院里经常可以看到的风景。但是，不管它是古典的还是非古典的，对于我们的结构设计来说，只要它是兼有合理性和美观的体系，什么时候都应该采用吧。在这里，使用了铸造的五金件来连接钢筋棒，力求实现紧凑的建筑细部，是对整个空间结构进行考虑的结果。

第4章 挑战大跨度的空间框架

幕张博览会

参与大型工程的策划

去见槙文彦

在 20 世纪 70 年代抬头的后现代主义的风潮，进入 80 年代后曾经统治过建筑界。建筑物的结构体采用简易的框架结构，然后设计它的内外墙表层，它已不是设计而应该称为装饰倒合适，这样的设计曾经风靡了全世界。因为我不适合这方面的工作，虽然多次被邀请参加结构的设计，都一次次地推辞了。

刚好，在这个时期里修订了建筑基准法，又逢准备改行"新抗震设计法"，也正是我们的结构设计界出现了清一色抗震设计的时期。有人认为，只要完成抗震计算就是完成了结构设计，这是一个大幅度地脱离了"结构设计"路线的时代。

由于国内外建筑界出现的这种状况，这段时期里来找我设计的工作几乎没有了。我认为，在这样的时代里即使从事设计活动也没有什么意义，所以在事务所里和员工们作了商量，打算暂时把事务所移到东京郊外的某个地点，好好地进行学习。

就在那个时候，听说在千叶县的幕张将举行大型设计的竞赛，有传闻说，为了抗衡大型事务所，建筑家槙文彦也来应征了，而且，好像槙先生的方案被认为最有希望。当时我的事务所没有工作，但是，喜欢建筑的人们总是聚在一起，所以在竞赛的审查结果发表前一个月，我获取了这个情报。我想，与其关闭事务所，不如把思考至今的结构设计先用来完成能够集大成的大型设计，于是我自作主张地决定去见槙先生了。我和槙先生因各种机会多次见过面，但是，他果真还记得我吗？我有些不安。不过，当时的我 46 岁，所以，我在槙事务所的会议室里向槙先生提出说："我现在的实力和体力都很充实，在日本，能够把这么大型的设计在短时间内出色地完成的工程师只有我。"当时槙先生回答说："不，实际上我的实力、精力、体力现在也是最充实。"我当时大吃一惊，至今还恍若昨日般地记得那个情景。

充满戏剧性的动态空间

这座设施的基本设计开始于 1987 年 3 月，就是在千叶县幕张新都

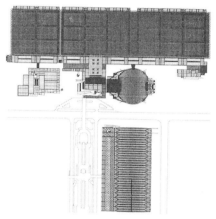 

图1 整个屋顶总平面图 上部是1期工程的展示场、多功能 图2 幕张博览会全景
大厅、会场,下部是2期工程的北大厅

市建设的大型国际展览馆。在日语中称为展示场,英语叫作集会中心
(convention center),德语中又称为博览会(Messe),无论哪一种称呼
都说明了同样的功能,但是国际上最通用的称呼是博览会,所以被冠
以幕张博览会的名称。

　　幕张博览会作为把人、物、情报集为一堂的空间媒介,在占地
17hm² 的建设地里,整体规划了大规模的国际展览馆、多功能活动大
厅、国际会议馆等全部的设施,是一个总建筑面积达 13 万 m² 的综合
集会中心。另外,到了 1997 年秋天,为了扩大展览馆,又扩建了北
大厅。

　　我们期待这里不是单调的只追求效率的设施,而是创造出一个无
论空间或形态都充满了戏剧性的场面,将五光十色的都市的欢乐集于
一堂的,令人终身难忘的场所。

　　像飞机翅膀似的国际展览馆、复合圆顶式的多功能活动大厅、四
方形的集合式国际会议馆、使人联想到波涛轰鸣声的北大厅,以及广
场、平屋顶的雕刻式台阶、挑棚等等,这些刺激各种各样的行为、演
出的空间,一边保持着个性化的丰富多彩的表情,一边作为一个集合
体,形成了充满魅力的街道。

　　当你进入内部时,你将看到:展览大厅里舒展的拱形曲面的立体

图 3　荒凉的工地上开始打桩

桁架的空间，采用透明的纱窗分割，从天窗下来的光线透过纱窗的网眼射进室内。来到这里的参观者们首先被引导到楼上，从高的位置一边眺望展览演出和热闹的情景，一边走向展览大厅。通过这种动态的空间结构，意图表现出作为展览馆的戏剧性。这个基本方针是槙先生考虑到的，他简单明了地向我作了说明。他说："至今为止，在世界各地所建造的巨大的展览馆，其特点都是把参观者入场处的门厅建造成豪华的、开放式的，而最重要的展示厅却只是宽敞的像个仓库似的东西，我认为把它反过来造更好，门厅的空间要尽可能地减少，一旦进入展示厅，就感受到宽敞，在空间上表现出连续性和华丽的感觉。"我感到确有道理而立刻接受了。

把大型空间的结构简单化

如何整理思考这个巨大的空间结构？我尽可能地把结构的思考方式从简单化入手。国际展览馆、多功能活动大厅、国际会议馆，以及它们附属的各种各样的设施，它们共同的思考方式，可以分解为基本的三个结构要点。也就是分成：①观众席面的结构、②大屋顶结构、③介于观众席和大屋顶之间的支承结构等三个要点，各自投入统一的技术。

① 是对于设置在软弱的回填地的广大的观众席面以及复杂的地面结构，积极地采用了 PC 的手法。这里说到的 PC 也是导入了预应力混凝土先张法或是后张法，是为了扩大跨度，确保质量，重视生产性、施工性，而最大的优点是具有极大的荷载屈服强度，十分符合作为展览馆地面结构的性能。

图 4　立体横梁的试制

　　② 是将具有各种各样形态、功能、力学特征的屋顶采用钢结构，把立体的结构作为基本，让组成的钢结构在保持多样性考虑的同时，向周围展开。

　　③ 是根据各自的位置、支撑物的种类、力学的特征来分析支撑屋顶的柱子的性质，为了进一步明确它的存在，一个一个的有意识地进行设计。因此，柱子的形状、尺寸、材料、材质、工法出现了多种形式。

以立体横梁为基本的国际展览会场

展览大厅的巨型屋顶

　　108m×516m 大的展览大厅，可以像日本汽车展览会似的把整个大厅作为一个展览会场使用，不过通常是将会场划分区域，举行多个展览会、竞赛活动等。幕张博览会规划将整个大厅划分成八个部分使用。因此，在结构上就要找出整体和分割开的时候的两者的共同项。

　　覆盖整个建筑物的巨型屋顶，是一个具有半径 1200m 的缓和曲率的拱形立体桁架，由龙骨桁架、辅助龙骨桁架、屋顶桁架组成三个顺序。改变桁架的厚度，分别采用了 3 层、2 层、1 层，明确了它的每个阶层的作用。构件配置的模数，当然全部都要找出共同的。桁架的基本尺寸如果采用平面上约 3m 格（由大屋顶的半径中心开始的平均角度分割），高度方向定为 2.1m 格的话比较合适。

　　龙骨桁架在长边方向架设 4 行，提高这个大屋顶的平面外刚度，形成 60m 跨度的连梁结构，把它作为屋顶安装时的导向体进行设计，安装完工后可以利用于排气、采光、维修通道等。

图 5　立体横梁的地面组装

辅助龙骨桁架按照每个展示单位 60m 的距离以短边方向架设，上面成为雨水槽，下面作为隔墙用的玻璃支承。辅助龙骨桁架不是集中多么大的应力，其断面形状只是为了把雨水槽组合到桁架上而产生的。

屋顶桁架是称为"立体横梁"的结构，构件以单向形成"连贯"。也就是说，不采用在立体桁架的各个节点上连接构件的方式，上弦构件和下弦构件都是单向连续，在正交方向安装零散的构件。这是考虑了提高构件选择的自由度，使结合部的细节处理变得容易，使顺利的安装成为可能等问题后做出的决定。

使用在这个大屋顶上的钢材有 27 个种类。根据应力的大小，变形的对应考虑等，构件的形状、断面也细致地作出变化。

一般情况下，上弦构件用槽钢，下弦构件用不等边角钢，斜构件用等边角钢，基本上所有的钢材都使用开口截面的材料，这是为了表现构件边缘的尖锐，并使接合的方法变得容易。槽钢、角钢等开口截面型的钢材与钢管、方钢等闭合截面的材料相比，对于压曲的抗力比较小。为了补救这个缺点，这些构件一定两根并在一起使用，并且调整其间隔使弱轴方向也能维持与强轴同样的压曲抗力。利用两根并用的间隔，接合点能够采用结点板方式。

由于大屋顶的温度变化而产生的应力、变形，尤其施工中的直射日光，以及夏冬的温差所产生的影响是极大的。如果把整个屋面的伸缩采用支座上卷轴的方式来躲避的话，就和地震作用力、风压产生的水平外力的传递发生矛盾。因此，大屋顶和支撑体是采用 PC 钢棒来达到了巩固的固定关系，所以温度变化产生的屋面反应主要是上下变

图6　安装中的国际展览馆

动，但即使这样也会有相当大的应力发生在屋顶钢筋上。屋顶短边方向有轻微的水平变形，整体上屋面的缓和的曲线对于这种温度变形产生着有利的作用。

建筑是人的群体所创造的物体

屋顶钢筋工程的施工步骤决定沿长边方向慢慢推进。但是，相当于屋顶基础的RC构架要同时提前造好。屋顶的铺设开始于1988年的春天。然后，工程经历了夏天，又过了秋天、冬天，推进到最后的端部时，是第二年的春天。正好历经了12个月。安装到这个最后的地锚上的时候，空间框架和地锚铁件正如设计图标示的一样，完全吻合。在经历夏天和冬天的时候，预算了钢筋因气温变化所产生的伸缩程度，但是，它的变化量在纪录上有几公分之差，所以我认为，恐怕最后不能和地锚铁件完全吻合吧，于是考虑了几种对应的方法。因为实际的施工中精确度良好地完全吻合了，所以，当我向现场施工的所长（清水建设的荒川先生）直率地表达了我的惊讶时，他只是笑嘻嘻地说到："太好了"。回头想想才明白，这位所长早有经验，所以在安排工程进度时，有先见之明地把安装开始的时期和完成的时期计划在同样气温的时期。当时分成三个工区发标，国际展览馆是清水建设JV，多功能大厅是大林组JV，国际会议馆是大成建设JV，但是，整个施工方面的协调人由清水建设的所长担任。我给这位荒川所长起了个外号叫"村长先生"，所以现场大家都村长先生、村长先生的叫着，是个受人尊敬的人。他是今天的建设公司所不能想象的，兼有出色的

图 7　展览馆内部的玻璃隔间

图 8　国际展览馆　可以看见三种的立体桁架

图 9　分隔展览馆的可移动隔墙从分成二部分的柱子中央穿过

图 10　有天棚的中央长廊　屋顶材料是聚四氟乙烯薄膜

才能、技术和良好名声的所长。

　　槇事务所的负责人是福永知义先生，是一位建筑师，他尽到了周密地并强有力地推进这个工程的职责。福永先生有一种特殊的本领，在推进工作上决不和其他部门的人争吵，很自然地把一切安排就序，对手是政治家也好是官员也好，或是企业家，或像我们这样的技术人

图 11　主大门的三个截断球形薄壳结构的挑檐　　　　　　　　　　　　　图 12　主大厅的空间框架

员、现场的负责人、手艺人，他都有能力把大家圆满地带动起来朝一个方向前进。这位福永先生和荒川先生因各种各样的工程变更的问题产生对立时的谈话，我多次在旁边听到过，所谈的建设工作的意义、乐趣等等，让我学到了很多。由此可以真正感受到：建筑是人，而且是个人的群体所创造的物体。

展览馆其他的结构方式

　　展览馆的结构和附属它的各种各样的空间结构是以同样空间框架为关键词，但是从力学上讲却是完全不同的结构方式。如果从京叶线的海滨幕张车站步行到这个设施来，人们将沿着主大门的巨大的台阶进入二楼平面。那里有象征着大门的红色华盖，这是以三个球形的薄壳结构并列构成的形状。把球形薄壳以正方形的平面切取，壳的边缘就成为拱形，每一个壳从边角的四点支撑着，就可以作为轻巧的华盖。因为支点上会产生推力，所以，为了达到平衡需要加入连接梁。

　　如果继续向前进入大楼门厅，就会看到大厅以格子形状的桁架覆盖，在大厅中间竖立的圆柱上方，用倒金字塔形为媒介支撑着桁架。这个圆柱采用 PC 制造，从下一层楼开始就用 PC 钢棒紧扎着，而同时，它的锚固端把倒金字塔形的钢结构底部的锚固板缝焊在一起。

　　展览馆大楼的每一个区域都有厅，从这里乘自动扶梯下到展览馆去，为了使大厅具有明亮的空间，采用了面向窗户开放的悬臂结构。这是从中央柱子上的龙骨桁架向左右翘出的桁架。

图 13　各展览馆大厅的空间框架

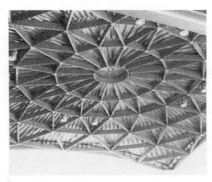

图 14　片状型空间框架

图 15　停车场方向的门厅的挑檐

大致在展览馆的中央部分，预备有外部展示场，它的屋顶采用聚四氟乙烯薄膜来采光。从屋顶的空间框架的中央部分向上顶起，使薄膜形成了张力。用于把薄膜顶起的材料则是原封不动地利用了任何一个建设工地都在使用的模板支架，拼装之后用螺旋卷紧，使薄膜产生张力。只要事先计算好转动几圈相当于几吨的力，采用这样简易的工法就能充分管理。将来，即使薄膜表面发生松弛，只要把这个螺旋再次卷紧就可以简单地把张力导入薄膜。

大厅最靠近停车场的那一头又有一个红色华盖，是从停车场入场者的门厅，作为一种象征。这里的华盖上有意识地不用连接梁，而采用柱子把抵抗系统形式化了。

圆筒和圆锥薄壳结构的结合

支撑大屋顶的结构

多功能活动大厅的巨大屋顶是平面上直径 90m 的立体桁架，中央

图16 多功能大厅的薄壳结构屋顶

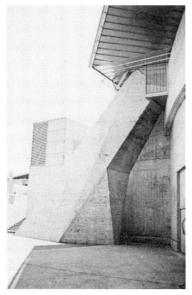

图17 支撑多功能大厅薄壳结构屋顶的支柱

圆形表演场地的上部是圆筒形薄壳结构，观众席的上部是以平面弧形截取的圆锥形薄壳结构。

中央圆形表演场地上部的圆筒形薄壳结构是曲率半径60.5m，从中心三次分割后形成约3.2m格栅，立体桁架的高度是2.5m。为了把周围的环形梁和顶部的圆筒形薄壳结构很好地融为一体，以及解决因角度突变而倾斜的屋面问题，观众席的上部采用圆锥形薄壳结构是最合适的。

这个大屋顶是由中央圆形表演场地四角的四根巨大的柱子支撑着。因此，如果从整体上看，在支点的对边圆弧方向和对角方向将产生压缩应力，在直交方向将产生拉伸应力。竖立在观众席上部的一侧四根的圆柱子，在圆锥形薄壳结构的边缘支持垂直方向的力，对于侧向压力、地震力、温度荷载、风力荷载等水平方向的力，采用滚轴支座，把对于下部结构的影响控制在最小限度。

被称为大厅上部的小屋顶的立体桁架，在原理上和大屋顶也是统

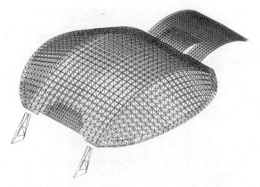

图 18　直径 90m 的薄壳屋顶的结构

图19　多功能大厅前厅的圆筒式薄壳结构

一的结构方式，但是格栅以及桁架高度是大屋顶的二分之一。在大屋顶和小屋顶结合的部分，小屋顶插进大屋顶里面组成复杂的结构，而刚好这个部分靠近支点，也是应力集中的发生位置，所以能够帮助加强大屋顶薄壳结构的边缘力量。

支撑大屋顶的四根支柱是基础面为 4m×9m 的巨大的 RC 柱子。高度约 10m，与大屋顶接合的位置被缩小到 2m×2m 的断面上。由基础面向上，一边保持大屋顶的曲率的切线方向，一边改变截面一点点地收缩。对于大屋顶的重量来说，只有压缩力，但为了确保地震时的稳定，决定了这个截面的形状。另外，在地下连接这个支柱的连接梁土面有很大的侧向压力起作用，所以，事先导入了相对的预应力。

张弦梁桁架

支撑大空间的结构

国际会议馆里面也布置有几个大空间。那是宴会厅、大会议室、中会议室，这里也采用了钢结构空间框架。

宴会厅是在 33.6m×45m 平面上铺上平坦的屋顶。中央架设二组

图20　矗立在国际会议馆屋顶上的空间框架的象征塔

龙骨桁架，而且把张弦梁状桁架 11 根以 2.8m 节距直交架设。龙骨和张弦梁状桁架基本相等地分担着屋顶荷载。龙骨只有二组，所以应力也大，采用 H 型钢构成的华伦桁架；直交的桁架因为是许多根排列着，所以用较小的截面可以构成。

为了能够把这个宴会厅分成二个部分来使用，龙骨的下方可以悬挂双层的可移动隔墙。张弦梁状桁架的下弦材是把两根管子组合在一起的构件，在它的顶端安上拉紧器，导入了只消除下弦材松弛状况的张力。

将三种结构并列应用构成大屋顶

Ⅱ期工程的机会

展览馆、活动大厅、会议馆这一块是Ⅰ期工程，在 1989 年 9 月竣工了。

在竣工五年后的 1994 年，Ⅱ期工程具体地提出来了。设计将由Ⅰ期同样的队伍来进行，我们发挥Ⅰ期的经验，专心致志地投入了Ⅱ期的命名为北大厅的设计工作。

这是一次难得的机会。

Ⅰ期工程设计 10 个月，工期 20 个月，是个超突击的工程，有成功之处也有很多反省之处，因此Ⅱ期是个能够发挥以往经验朝着新台阶飞跃的机会。在进行Ⅰ期设计的时候，计算机的普及还不充分，我们手头的计算机存储器很小，大型计算机是以很高的费用借来的，由于经费所限所以无法反复使用，并且，高性能的 CAD 在实际中开始使用已是Ⅰ期的工程将要结束的时候。因此，Ⅰ期的图面全部是手绘，用三角板和圆规画的。以这样的立体结构，它的作图要耗费许多的时间。刚好Ⅱ期的设计开始的时候，立体结构物的分析能力也提高了，动态的分析也能够利用手边的计算机来完成，并且，最好的一点是 CAD 可以自由自在地使用了。因此，在短时间里完成许多研究的自信也有了，设计队伍的相互理解也很充分。

悬链、波浪形的屋顶

在初期阶段，槙先生画的草图和Ⅰ期上凸的缓和曲线所描绘的轮廓相反，是缓和下凹的屋顶，呈悬链形状。我们想过：不能用钢索似的线材来建造这个屋顶吗？但是缓和的下凹只能成为半刚悬链。刚好可以采用Ⅰ期中的空间框架上凸后发挥了拱形效果的弯曲和压缩的结构，把它翻转过来，形成弯曲和拉伸的结构。

在方案之初，这个约 100m×200m 的展览馆是采用这个下凹的悬链形状屋顶覆盖。多次用模型进行了研究后，总觉得整体上很单调、不新颖，而且有些不协调的感觉。大家正在议论的时候，有一天，槙先生发言说："如果把展览馆的顶棚设计成高低各半的形状，那么展览的主办者也容易使用吧？"这句话一下子提醒了所有的人。我们想出了把展览馆的一半屋顶设计成平缓的波浪形的方案。这时候，我不禁发自内心地感叹：建筑师真是伟大的人物啊！因为我认为：说起来这些都是理所当然的事情，但是，这种创造力、思考力却是超群的。

称它为悬链、波浪形的这个大屋顶的形状并非结构用语，而是我们随意取的一种爱称。

下凸的曲面如果采取必要的上升，就成为悬链线（悬垂曲线），但是若像这个屋顶那样浅的上升，就不成为纯粹的拉伸场，不能无视因弯曲而产生的力的传递。因此部件结构是抗弯曲的桁架型，尽管那样，拉伸成分也很大，所以桁架的高度 3m 就可以，相反的，作为反力结构需要后拉索。把展示空间的两侧结构作为支点，下凸的桁架和后拉索将使这个大屋顶成立。

另一方面，低的一边，称之为波浪形的展览馆的屋顶，在结构上接近于平板，因此主要利用弯曲剪切的应力传递，若是单纯地架设了约 100m 跨度的框架，桁架的高度要达到 5～6m，就会压迫顶棚面。

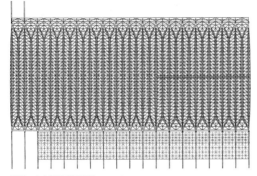

图21　北大厅屋顶平面图

如果把悬链形的屋顶和波浪形的屋顶分成不同的两个结构的话，那就简单了，但是，考虑到这个规模和展览馆的整体性，大屋顶必须是一个整体。

于是，决定把波浪形屋顶的中央吊起来。如果这样做，作用在波浪形屋顶上的弯曲应力就和悬链形屋顶的弯曲应力几乎相等了，可以使桁架的形状变得一致。从展览馆内部看上去，哪一边都是完全相同的桁架成东西排列，能够构成次序井然的空间。因为波浪形屋顶的中央用张拉材料吊起，所以，这里当然也需要后拉索。

虽然尽可能地配合悬链形和波浪形的屋顶结构的应力和变形的量，调整了桁架的构件截面，但是因为原来就是不同的结构方式，所以振动状态、固有周期不可能互相配合。对于风或地震的上下摇动，这两个屋顶会哗啦哗啦地产生振动，而且由于屋顶的装修、防水材料发生的问题可能成为漏雨的原因。因此，在这两个结构相接合的位置上，采用了把两者重叠在一起的作法。这个部分成为比任何一方的刚性都强的结构，把两者的不同振动吸收了。简单地说：即使各个屋顶任意地摇动，这个刚性很强的结构也可以防止相互影响的问题。

完美的几何学创造了富有刺激性的空间

为了把这三种结构组成一个大屋顶，需要能把它们统一起来的完美的几何学。图24就是决定这个大屋顶曲面的几何学上的定义图，而这个大屋顶的所有一切，包括结构上的整合性、屋顶装修的次序、顶棚面的构成、构件接合的具体情况、钢结构加工的难易程度、施工性能等等，都在这个图中得到确定。这是经过数十次研究的结果，是

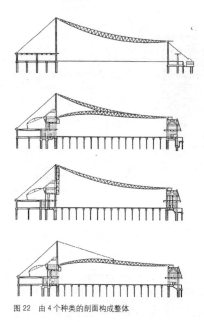

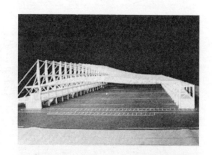

图 22　由 4 个种类的剖面构成整体　　　　图 23　北大厅的结构模型

实施设计的最后阶段里被定下来的几何学图形。我认为，桁架的上弦材料和下弦材料的几何图形不是同心圆，它们使得结合位置的详细尺寸的决定变得困难了，但是在结果上实现了流畅的结构变化。另外，也是偶然的事，这个几何图形中的最大半径 1200m，和Ⅰ期工程时的展览馆大屋顶的缓和的拱形结构的曲率半径相同。

　　我真实地感受到：为了实现这样的曲面结构，在考虑了那个建筑的各种构成要素之后做出几何图形的决定，是最重要的事。因此，几何图形不是由谁最初决定的，而是把各种的设计条件都组合好之后，在最后阶段决定的内容。并且，通过把技术条件组合好之后的几何图形来实现的空间形态，必须是活泼的有刺激性的崭新的形态，所以也是最困难的问题。

　　图 24 是根据大屋顶的短边方向表示的内容，而长边方向也需要不同意义的几何学。现在，如果把屋顶结构的支点位置设定在 12m 节距，就这样把屋顶桁架各按 12m 架设，桁架的高度也变得很高，它们之间连接的檩条构件也要变大了。如果檩条是 3m 左右的节距，檩条

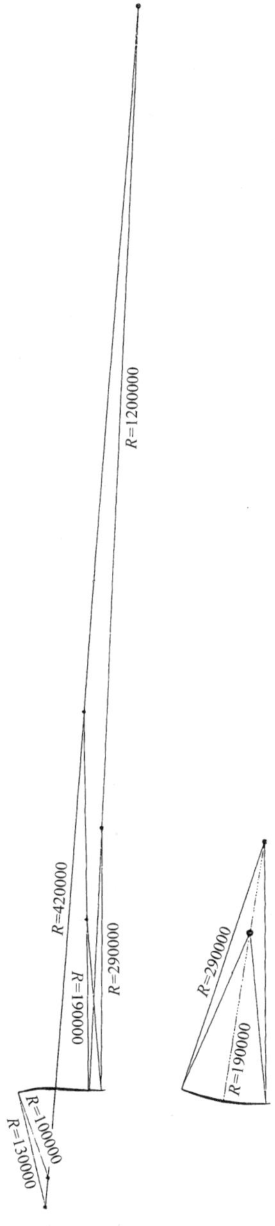

$R=1200000$

$R=420000$

$R=290000$

$R=190000$

$R=290000$

$R=190000$

$R=100000$

$R=130000$

图24　屋顶的几何图形

构件也能适当地设计，整个结构本身也能变得纤细。于是，在中间加入桁架，把支点的 12m 间隔分成两半，使主结构变成了 6m 节距。这个中间的桁架当接近支点时就分成两部分，分别收敛于 12m 节距的原来的桁架。进一步说，由于把桁架所组成三角形变成立体桁架，就能够获得水平面的刚性，在和屋顶装修材料结合的上弦材料的位置上能够形成 3m 节距。反过来说，从 3m 到 6m、到 12m，在结构材料被展开的过程中，将发生复杂的构件的结合。图 21 是可以看出大屋顶钢结构的平面布置图。特别是在波浪形屋顶方面，因为只有 12m 间隔的吊架，所以在中央内藏了横梁桁架。

从图 21 也可以看出，随着与支点的靠近，构件立体结合的部位也增加了，而在这些结合位置上利用了钢铸件。因为，力学上的力的转换完全可以达到，并且，能够按照所需形状整体成型的铸造技术，也适用于紧密的结合部位。图 32 是在这个结构中设计的铸钢部件的一个例子，是大屋顶的三个构件、后拉索的 2 根半平行钢丝缆绳、由下而上的支柱，共计六个构

图 25　北大厅的外观

图 26　由"鸡腿"往上看挑檐

件一举结合的情况。因为这里的力的转换是轴力系统，如果只用一根接插件可以把它们结合起来的话就很简便。所以，作为其中的媒介，准备了铸造的钢制品。这是将自古以来被利用在钢铁结构的桥梁上的技术应用在建筑上的例子。在这座建筑物里多处使用了这种想法的部件，它的设计和图 24 的几何图形有关联，所以，就很需要把大屋顶整体的结构和结合部位的极小部分的问题同时地弄清楚。

这样的结构设计不可能自然地产生。它需要设计者的坚强意志。六个构件，作用在那里的力的互相转换，想仅仅利用一根接插件来实现目的，就根据有没有这种意志来决定了。因为这样做的结果就把这个结构华丽地表现出来了，所以决心的有无是创造这种零部件的原动力。

图 27　北大厅的内观

图 28　脚部的接插件细部

整体和部分的配合性

　　整体和部分的配合性从结构分析上也可以说明。图 33 的分析流程就是在结构分析中使用的流程和分析样本的图，它表示了我们想了解的结构整体的状况，和细部的应力、变形等情况。下部结构的变化将对屋顶结构有很大的影响，而屋顶的状况将决定下部结构的设计，这种相互的关联性非常重要，尤其是在这块建筑用地里还存在着发生过大地震的地基的流态化问题。准确地领会这种相互作用是结构分析的主要目的，尽管计算机非常发达了，如果只有整个建筑的详细的分析模型，"准确地领会"一事反而变得困难了。所以，要准备几个与那个建筑物相同的分析模型，一边进行模型之间的互换，一边寻找答案。

　　图 33 的分析流程是在设计的后半部分使用的，前半部分是以更加简单的模型作研究。像这样大跨度的结构，与其注意作用于那里的力的大小，不如把重点放在如何控制变形方面。产生变形的外力中，由于自重或活荷载的、静荷载的力也很大，但是，因地震或风、温度变化而产生的变形是发生在包含时间体系的四维空间，所以很难对付。

　　另一方面，如果考虑控制变形问题，因为以结构的系统、构件的组合、构件截面的大小这三点来决定其结构的坚固和刚性，所以，就有必要一边使外力和控制有关的要点自由自在地变化，一边找出适当的地方。如果采用这种麻烦的作业，每一次都制作精致的分析模型，

图 29　后拉索以 12m 节距双条牵拉着

图 30　后拉索的锚定区

图 31　屋顶与柱子的联结

就要花费大量的时间，同时对于往下一步发展的问题点的发现没有作用。因此，采用看得见其结构本质程度的简单模型进行彻底地研究。其结果，把收集来的几何学和立体桁架的尺寸、构件的种类和大小、下部结构的组成系统模型化之后，内容就如图 33。

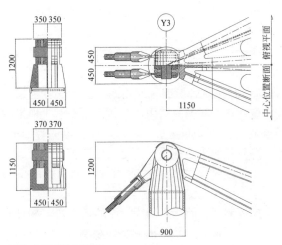

图 32　柱子顶部的合理组装

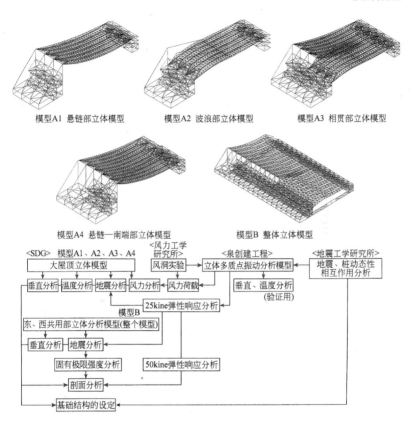

模型A1 悬链部立体模型　　　　模型A2 波浪部立体模型　　　　模型A3 相贯部立体模型

模型A4 悬链—南端部立体模型　　　　　模型B 整体立体模型

图33 结构分析的流程

此外，流程的分析顺序以箭头表示，但在实际中多次有反馈，在这个表中来回反复，朝着完美结束的方向进行作业。

我认为，即使是结构分析，整体与部分的考察和配合性也很重要，它是将"结构设计"变为可能的惟一方法。

第 5 章

钢铁和玻璃的可能性

东京国际会议中心

建筑师和结构设计者的共同劳动

功能性的组织者

1989 年 11 月，在国际建筑师联合公认的国际设计竞赛中，美国的建筑师拉菲尔·维诺里（Rafael Vinoly）的作品当选为最优秀作品。那个时候我还不认识拉菲尔·维诺里。我曾在建筑杂志上看到过设计竞赛的发表方案，模糊地记得，那十分整齐的设施布置令我佩服。当时，也正是我刚刚迎来了幕张博览会 I 期工程的竣工，身心都很疲惫的时期，哪怕是一会儿也好，只想休息。

可是，第二年 3 月，东京都厅和拉菲尔·维诺里签定了基本设计的契约，就在那个前后的时间里，我也得到了那个工程的结构设计的委托。从接受那份工作起直到竣工为止，我和拉菲尔·维诺里建立了长达 7 年之久的合作关系。

拉菲尔·维诺里的方案在设计竞赛的审查讲评中被这样评价："这个方案巧妙地发挥了建筑用地所有的特殊条件，又是针对原来的要求，最能取得平衡的方案，同时，其功能性机构是最清楚的说明。"我与拉菲尔·维诺里开始了基本设计的商谈，经过半年左右的交往后，我由衷地觉得这个评价非常准确。因为，这个讲评所指的不仅是设计方案，也说出了建筑师拉菲尔·维诺里的个性。

给拉菲尔·维诺里的两个提问

拉菲尔·维诺里的建筑有个特征，他把设计作为大范围的技术集中来掌握，把结构、设备、音响、照明，以及其他种种的技术工学的成果统一在一个空间里，从中追求新的次序和丰富感。

我在与拉菲尔·维诺里初次见面的时候提了两个问题。一个是："您对于建筑里的后现代派是怎么看待的？"，他的回答是挥着一只手："从一开始就说再见啦"。另一个问题是："这个方案中的玻璃大厅太大了，为什么需要这种没有功能的空间呢？"，"那是自然的光线。因为从玻璃大厅采入的光线，使地下的展览馆显得明亮，它创造出与展厅群的空间成为一体的门廊"。这句话是很单纯的，但是给这个方案带来了说服力。这两个问题对于我来说，在进行结构规划的组织方面具有重要的意义，也成为基本设计的基点。

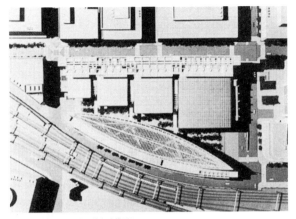

图1 东京国际会议中心的完成模型

图2 施工中的东京国际会议中心

结构法的架构形成

包含建筑物的大架构

这座设施实在是集中了许多的功能，有四个多功能大厅及其相关各种空间、展览馆、商业设施、公开空间、会议馆、停车场、管理部门、门廊等等，真可谓多种多样。这些是根据功能分段后构成整体的建筑，由垂直、水平的动线把它们结合在一起。结构要对应每一个分段化的空间是很重要的事，但是，还必须将其组合成一个包含全部建

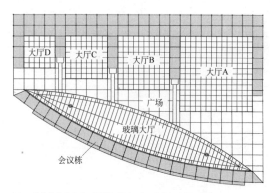

筑物的大架构。

和拉菲尔·维诺里的空间构成同时入手，在基本设计的阶段所决定的整体的架构有以下四点。

图3　结构的基本概念　阴影部分是汇集了抗震要点的主结构

① 在整个设施中，把主要的结构汇集到图3的阴影部分。可以说这是为了构成大厅之类的大空间的惯用手段，因为以这种设计手法，把能够抵抗强大外力的抗震要素集中在这里布置，就能把其他的部分在结构上作为开放的空间。到此为止，仅仅是我们能够以草率的结构方案来追求合理性，然而，问题是这个结构的想法和建筑方案能够很好地相适应吗？

在建筑用地四周的地下有营团线和 JR 京叶线、总武线等地铁路线通过，玻璃大厅的背后是高架的山手线、东海道新干线等铁路线发出噪音和振动。道路上面的汽车的交通量也相当大，必须从建筑用地外部对整个设施采取保护的措施。拉菲尔·维诺里从一开始就着眼于这个问题，所以，图3中表示的结构想法，也可以说正是表示建筑方案的出发点的图形，很轻易地取得了一致的想法。但是，夹在大厅之间的月牙形的抗震要素的构成，在找出楼梯、电梯、设备配管空间的排列和结构方式之间的良好的适应性之前，在基本设计的期间是不成功的部分。把垂直动线和设备核心变成结构核心的想法在古今的东西方都有丰富的事例，可是在这个结构中存在基本的矛盾。只要是结构核心，在核心的周围就必须由牢固的结构来固定，可是垂直动线作为大厅的出入口，需要相当大的开口，并且，无论设备核心还是纵向配管，如果不在各层水平移动就不起作用。说是结构核心，实际上尽是窟窿，只能是充满空隙的结构。因此，对于这个核心的应有状态，负

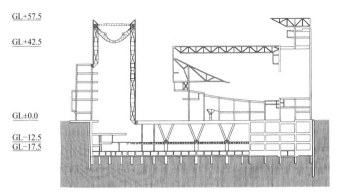

GL+57.5
GL+42.5
GL±0.0
GL−12.5
GL−17.5

图4　基准剖面图

责动线计划的拉菲尔·维诺里和我们结构设计者，以及设备设计者三方，针锋相对地进行了激烈的争论。大家都很清楚原来就存在矛盾的情况，但是对于这三方各自的专业领域的设计来说，是极其重要的事情，所以怎么也不能达成妥协。我有好几次都想中途退出这个工作。我觉得，如果改变结构的方式就好了，设计和设备就不必发生争吵了。我想过改变图3的结构概念，可是没有更好的其他方案。结果，一直在讨论核心结构的问题，有一年多陷入了困境。

② 为了把这个巨大而复杂的设施整理成排列有序的结构空间，必须了解并决定这个设施特有的模数。四个大厅栋和地下结构的平面基本网格以9m为基本，以它一半的4.5m、2.25m的尺寸进行统一。玻璃大厅为了保持其透镜型的平面，采用了从中心位置开始的角度均等分割。在广场标高和地下结构方面，也是这两个的基本网格相互抵触的混乱边界上，采用较大的梁设置在其上，从而让它们各自汇集在一起的方式。垂直方向的模数以5m层高为基本，加上一半的2.5m，设定了一层和地下一层为7.5m的层高。

位于地下的展览馆，如果把地上的9m模数原样照搬的话，存在柱子太多的问题，在底部采用了18m跨度，减少了4根柱子。因此，地下三层的停车场显得宽敞，可以增多停放台数。模数的展开就这样在平面上和剖面上都可以自由地变化。

③ 为了实现以42个月的短工期为前提的建设，并且为了长期确保稳定的质量，决定柱、梁、斜构件采用钢结构，地面、墙采用PC

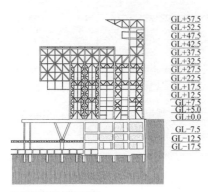

GL+57.5
GL+52.5
GL+47.5
GL+42.5
GL+37.5
GL+32.5
GL+27.5
GL+22.5
GL+17.5
GL+12.5
GL+7.5
GL+5.0
GL±0.0
GL-7.5
GL-12.5
GL-17.5

图 5　结构核心框架立面图

图 6　大厅栋的外墙　横条的 PC 部分成为舞台的背面

图 7　大厅栋楼梯间旁边的钢梁构成的大型框架

图 8　大厅栋外墙的一部分，上面是 18m×18m 的大玻璃面

结构。总之为了对应这个复杂的空间，其困难程度可想而知，并且，主要结构是钢结构的情况，在音响方面也存在很大问题。我们反复进行了模型设计来推测这个方针是否可行，并在基本设计的最后阶段做出了决定。图 3 的月牙形的结构核心的侧面图是图 5，墙面是由钢梁

图 9　大厅栋是巨大的空间集合物

构成大型框架，大厅的面向广场的悬挑脚手板采用了普通的刚性桁架。这个框架的形状是为了既充分满足结构的性能，又确保楼梯、电梯的开口部，并得到设备配管的水平拉出的自由度而决定，广场一侧的一部分框架作为设计要素采用了耐火覆盖层加工，所以，完成后也能够看到这个充满艰难困苦的框架的一端。

④ 为了实现短工期的要求，采用了"逆向浇筑混凝土施工法"，就是最初修筑了一层的结构后，将地下框架和地上框架同时进行施工的工法。该工法尤其对地下结构的设计具有很大的影响，并且因为把地下的挡土墙以混凝土联壁的方式施工时，水平支撑工法的平面很大，所以很困难。另外，为了在框架地面控制挡土墙，逆向浇筑混凝土施工法对于这个建筑用地也具有必然性。从图 5 也可以看出，地上的结构和地下结构可以清楚地区分不同的结构法，这就是采用了这个工法的结果。如果把"逆向浇筑混凝土施工法"纳入设计条件，实际上，在地下的平面设计，尤其是地下 3 层的停车场设计里，就是作为限制条件使用，因为拉菲尔·维诺里的停车场设计是在困难的作业情况之下被迫采用的方法。

这四个结构设计的基本方针在等价方面是重要的内容。提起结构概念，人们往往认为是什么抽象性的概念，而我的"结构设计"经常是把具体的形象作为基本内容。因此，将抗震要点的布局方针和逆向浇筑混凝土施工法放在等价的位置上是很有趣的事。像这样巨大设施的基本方针的制定方面，花费时间进行许多的调查研究并深思熟虑是很重要的。如果把基本方针弄错了，就会导致工程的失败。

玻璃大厅的结构设计

从长方向考虑结构架设

玻璃大厅的结构设计自始至终都在困惑中摸索。可以考虑的限定条件太少了，即使制定了方案，也缺乏用来判断它是否正确的依据、价值观。为了实现巨大的光的圆筒，把墙面和屋顶用玻璃覆盖就可以了。而那些玻璃的支撑方法却有无限的可能性，缺少将它们特定化的条件。

我在基本设计的前半部分，约有半年时间放弃了一切思考。在纽约和东京交替进行的商洽中，我只是简单地确认一下诸如拉菲尔·维诺里用怎样的方式之类的意见，如果是这个方案，就会形成这种状况吧？等等，适当地作出回应。即使深究下去，应该建造什么的价值观还没有产生，所以毫无用处。

从东京到纽约，我可以根据自己的意志，13 个小时呆在飞行着的密室里。有一天，我下决心利用这 13 个小时，试着总结一下这个玻璃大厅的可行性，于是乘上了飞机。因为打算建造的是个屋顶和墙壁都采用玻璃的透明的箱子，为了构成它的空间需要几根柱子。到现在为止，有十二根柱子沿着玻璃墙立起了，如果考虑以那些柱子支撑一片的屋顶，就自然的看出了力的分布，这个玻璃大厅的短边方向将发生很大的力。长边方向不传递力。因此就想到，短边方向采用某种结构或者是把它稍稍倾斜之后架设斜交结构。如果决定了屋顶的平面面积和支撑它的柱子的位置，"自然的"就知道了力的分布，也就决定了与它对应的结构方式。只要停留在这样的思考中，就不会产生独特而崭新的，富有刺激而充满活力的结构，我们需要有必须怎样做的"强烈意志"。当我意识到这个问题时，正是飞机经过北极上空的时候。考虑"自然的"之类和常识性的方法是无用的，强行决定力的分布把它形象化的尝试，不是还没有彻底做过吗？为了追求效率，还是放弃在短的跨度方向架设结构的做法吧，相反的，来想一想在长的方向从空中架设巨大的结构的话，将会怎样呢？

从北极飞到北美的五大湖这段时间里，我把支撑这个巨大的屋顶的柱子假定为 1 根、2 根、3 根、4 根、5 根的情况下，顺序地用草图作了检验。根据柱子的根数和分布位置，产生了各种各样的屋顶的结

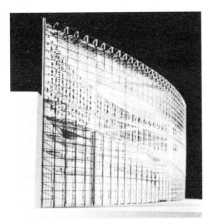

图 10 玻璃大楼的结构模型

图 11 玻璃大厅

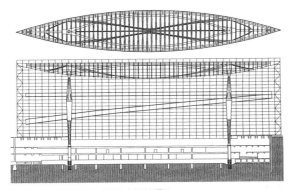

图 12 玻璃大厅屋顶平面图和长方向结构剖面图

构，看着这些草图，发现 2 根的柱子和叶形平面非常协调。为何在最初没有发现这一点呢？真是令人不可思议的协调。飞机在肯尼迪机场着陆的时候，我对 2 根柱子已抱着坚定的信心。

玻璃大厅的 7 种结构

玻璃大厅主要的抗风、抗震要点正像图 3 那样，位于山手线一侧称为会议栋的大楼里。在理解玻璃大厅的设计基础上，这个初期的结构规划具有重要的意义。因为玻璃大厅的特殊的结构，只有在具备了

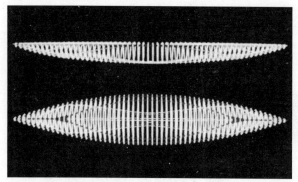

图 13　屋顶的结构模型

图 3 的基本原则时才能成立。这个会议栋也是钢结构，无论长边方向、短边方向，各个部分都布置了斜撑，形成了坚固而稳定的结构。

　　在两根柱子的构思产生之后，玻璃大厅这座建筑物又经过了多方面的讨论，大量模型的制作，不分昼夜的商洽，再三再四地进行的堆积如山的计算机分析的结果，同样程度的 FAX 的交换，拉菲尔·维诺里倾注心血的草图研究等等，终于得出了结论。

　　① 屋顶结构

　　全长 207m，中央是宽 32m 的叶形平面，上面有玻璃屋顶需要的排水坡度，但基本是平的，下面是船底般的形状，在最深的中央处有 12.5m 的高度。在这个船底形的空间里并存着两种结构。一种是添加在屋顶上面的叶形平面处的压缩材和曲线形的悬挂材的组合，另一种结构是架在两根大柱之间的拱形材以及与它相对的连接柱头的拉杆。拱形材有助于屋顶面的水平刚性，因此平面上也变成拱形。这两种独立的结构系统共同作用，以抵抗屋顶的主要的应力，这个大屋顶是以两种结构共同的受压构件和受拉构件的得以实现的加劲肋板建造的。

　　压缩材需要钢管、厚度，所以使用离心铸造的 G 立柱，在拉力材方面使用高强度拉杆。曲线形的拉杆贯穿肋板，使角度发生变化，一边进行力的交换，一边作为整体发挥拉力材的功能，所以在通过这个肋板的位置上设计了图 16 的部件。首先把拉杆在肋板间分割，在肋板的腹板上固定球状的部件，使球体能够决定整体的角度。下一步把杆的一侧塞进球体固定，另一侧是杆的翻转端部，要使它能够自如地

图 14 屋顶的内部

图 15 屋顶拉杆的具体固定

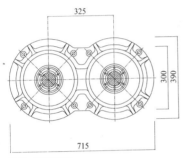

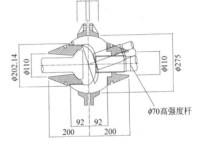

图 16 拉杆的详图

转动。如果这样做就能既保持曲线的形状，杆芯又能照常通过，肋板的施工精确度也能保证。

② 大柱

大屋顶是以立在两侧的两根大柱支撑着。跨度 117m，两端的挑出长度 45m。大柱是钢结构的 2 重管，为了防止压曲、提高刚性，在 2 重管的内部填充高强度混凝土。同时把水落管，电力配管等内藏在柱子的中心，刚好也成为大屋顶所需设备的柱子。

高度 52m 的这根柱子，是希望忠实地表现应力分布和控制变形的形状而设计的。这根柱子在七层与会议栋连接，所以，这个部分成为最大直径，柱脚方面主要以能够支撑轴力就可以的要求来设计。在大柱和其他的组成部分结合的位置，必须传递很大的作用力，所以在那

图 17　大柱和屋顶的结合部位

图 18　大柱的全景

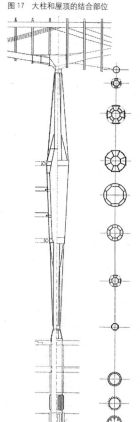

图 19　大柱的截面变化

种部位利用了大型的铸钢构件。钢柱使用 FR 钢(耐火钢),采用涂漆装饰,可以如实地表现出钢铁所具有的强大力量。

③ 从会议栋延伸的钢甲板结构

对于地震或风荷等水平的作用力而言,由于大柱太高了,实在无法抵抗。所以在中间把力传向会议栋的结构。在会议栋的七层以及四层位置,大柱和会议栋以钢甲板结构为媒介紧密结合在一起。钢结构的梁从会议栋延伸出来抓住大柱,为了防止发生弯曲,在结合部用铰结。五层和六层的会议栋延伸的钢甲板为了不影响到柱子,采用滚柱轴承来支撑。

④ 外墙玻璃面的抱框结构

大屋顶仅仅依靠两根柱子支撑着,所以,短边方向当然会转动。控制着这种转动的,是靠着约 10.5m 间隔设定的抱框结构。抱框这种结构是由很小的截面组成,对于大屋顶的转动以压缩或是拉伸来抵抗。

在抱框的室内一侧把缆绳呈凹凸状拉上,以抵抗作用于玻璃墙面的水平力。对于防止

图 20　玻璃墙面的缆绳结构　　　　图 21　缆绳与束形材的固定五金件

抱框本身的压曲也有效。呈凹凸状牵拉着的原因是它必须对应面外的左右的变化，为了不形成压缩，这根缆绳要预先绷紧使它形成张拉力范围。其系统和细部作了巧妙的安排，使这个初期张力的反力成为抱框的压缩力，使力的平衡成立，所以可以说是自动完成的张力结构。把发生在缆绳的张力转移到其他构件时的代表性的五金件是图 24，把用压接金属包着的缆绳头部的螺丝卸下，把缆绳塞进称为 U 形夹的五金件时，把另一个五金件（分接器）作为媒介，制成缆绳的长度调整结构，使它配合施工精度。如果在 U 形夹的端部开孔插上栓，就可以和其他的构件结合。

　　靠会议栋一侧的玻璃墙面高度约 25m，所以缆绳只需一个曲率就能解决，但是靠广场的一侧有 60m 的高度，所以，考虑到作为玻璃墙面整体的均质性，将这个墙面在结构上分成三个部分，使它和会议栋的规模取得一致。

　　⑤ 中间两层的水平梁结构

　　这是被组合到广场一侧玻璃墙面的抱框结构里的两层，是双层的水平桁架梁。上层相当于会议栋的屋顶高度，从这里到大屋顶的上部的钢索结构，作为玻璃大厅整体，钢索的布置是左右对称的。下层作为能够环游这个大厅的斜向通道使用，同时起到水平支持玻璃墙面的水平梁的作用。这些水平梁的重量以及作为斜向通道的装修荷载、活荷载，不是利用下面的支柱来支撑，而是用拉杆拉到抱框结构的顶部，使它成为抱框的轴力。

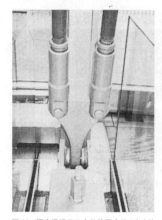

图22 固定缆绳用五金件的固定处(玻璃墙面侧)

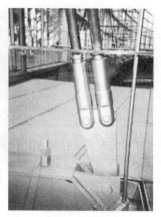

图23 固定缆绳用五金件的固定处(大厅内部侧)

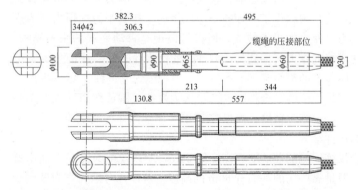

图24 钢缆和U形夹的详图

⑥ 大厅内束材和桥梁的结构

上层和下层的水平梁在中间两个部位布置了把力传到会议栋的结构。上段是两根束材,是承受压力或拉力的轴力构件,因为跨度很大,所以,为了防止自重产生的下垂,而且为了防止出现压缩时的压曲破坏,加上了拉杆。下段因为有连接斜路和会议栋的桥梁,所以就将它作为水平梁的约束结构。

⑦ 玻璃墙面的顶端桁架结构

对于玻璃墙面的面外荷载,可以用抱框结构来抵抗,但是对于面

图 25　控制玻璃墙面振动的集束结构

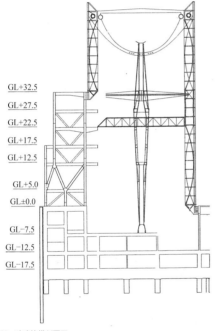

GL+32.5
GL+27.5
GL+22.5
GL+17.5
GL+12.5
GL+5.0
GL±0.0
GL-7.5
GL-12.5
GL-17.5

图 26　玻璃栋横剖面图

内发生的水平荷载，就必须准备其他的结构来对应。面内的变化基本上是成为 2.5m 节距的水平构件的轴力，最后被传到会议栋。因此，水平构件也会受到压缩，所以不得不变成箱形截面。从会议栋的屋顶突出去的上面部分，因为没有那个反力机构，所以在玻璃墙面的顶端处布置了立体桁架和空腹桁架组合的结构以抵抗水平力。为了防止大屋顶的重量落到这里，采用了相应的施工顺序和细部处理。

以上的七种结构组成了玻璃大厅，有趣的是，那些结构就那样地成为组成这个空间的设计。我一直在考虑把各个结构基础变成尽可能简单的结构功能，把相互的关系变成明确的内容。这是一个巨大的具有土木性规模的结构，可是一个个的构件却出乎意外地都是以小小的零部件在微妙的组合之下形成的结构，那些结构成为把这个空间变成一个独自的物体的原动力。

图 27　会议栋 7 层的长廊结构　　　　　图 28　连接大厅栋和玻璃栋的桥梁

　　玻璃大厅没有特别被限定的建筑功能。反过来说，应该建造什么的答案必须自己去找。我打算把它作为东京的纪念碑，目的是要吸取现在的钢铁技术工学的精粹。其结果，它将是东京的 20 世纪最后的技术大汇集，因为我们期待这件事情的本身作为纪念碑，将来永远地存在下去。

玻璃挑棚

透明挑棚的诞生

　　这个设施的整个工程将要结束的大约六个月前，关于这块建筑用地内，位于地铁有乐町线的车站通向地面的出口处的某个挑棚工程，开始召开碰头会了。其实，所谓开始这个词表达的并不恰当，因为这个挑棚已进入实施设计图阶段，所以只需照图施工就可以了。可是，我产生了一股冲动，想要大幅度地将它进行改良。

　　设计阶段的挑棚是在钢结构的框架上贴上玻璃的形式。如果由下往上看，模型的框架设计十分华丽，但是却遮挡了后面的景色。苦心设计的玻璃大厅的威容看不见，如果设计为更加透明的挑棚，把结构的框架本身换成玻璃如何呢？我们设定了整个广场以"铁与玻璃"为结构设计上的主题，但是关于玻璃却尚未实现崭新的结构化，就不能把挑棚改成玻璃结构以追求玻璃的新的可能性吗？等等，许多问题交错一起，玻璃挑棚就在这些思考中诞生了。

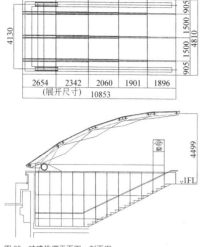

图 29　玻璃挑棚平面图、剖面图

图 30　地铁有乐町线广场出口的玻璃挑棚

　　把玻璃的梁分成 4 段制作，然后在现场连接起来作为悬臂梁。如何把一块块的玻璃连接起来是个问题。很轻松地解决了这个问题的人，是伦敦的结构设计者 T·麦克华伦（俗称泰姆先生）。当时，这个东京广场工程的监理队伍中的一位 SDG 的职员，叫阿兰·巴登，他曾经在泰姆先生事务所工作过。当这个玻璃的结构决定之后，阿兰曾经代我们去向泰姆求教过。泰姆提出的方案是使用一种称为"板夹尔"（bezel）的五金件，把它放进强化玻璃和接插件之间使整体相容，这是回避局部接触的装置。

　　当时，大型的强化玻璃在日本还不能制作，所以向伦敦的玻璃厂家订购，顺便也拜托伦敦大学做实验，就泰姆的"板夹尔"的实际效果进行验证。在失败和成功的反复中，一步步建立了系统。在这件事情上实实在在地给了我们全面指导的，是旭玻璃公司的伊势谷三郎先生。他是个特别顽固的玻璃工程师，对谁说的话都不相信，是一位觉得只有用自己的头脑想过的东西才可靠的"匠人"。从制造到安装，为了这个玻璃挑棚的实现，伊势谷先生的功绩可以说是最大的。而阿兰就成为维持着我们和纽约、东京、伦敦之间的联系和意见交换的核心。我和拉菲尔·维诺里几乎只是旁观者。在东京国际会议中心巨大

图 31　玻璃接合部位

的设施群中，这个玻璃挑棚是一种象征性的存在，它显示出整个工程的实现中所蕴涵的庞大能量。

第6章

开闭式的玻璃屋盖

札幌媒介公园、角宿

图 1　从内部看打开的屋盖

从硬件到软件

开闭式圆形屋盖的规划启示了使用的方法

1996 年 9 月，久违了的建筑师伊坂重春先生来到 SDG，谈到有关建设"札幌电视"新的活动大厅的情况，要建造一个 50m 左右的开闭式圆顶，还带来了整个设施的容积模型。

当时，我们从电视局的意向、建设场所、它的环境、预算、建设时间表等等，有关这个计划的常见的会话开始，涉及雪的问题、音响、照明、播放的问题等许多方面进行了讨论。

然而，那个活动大厅的实际使用方法或是活动的种类、管理方式等，它的建筑的软件部分不明确，据说尚未决定，所以单凭三言两语地要求开闭式却不能将目的表明，难以具体地考虑它的系统。电视局一方即使有一些模糊的想法，但是还不能提出具体化的设计条件。

于是，我们打算在大厅的使用方法、建筑软件的确定之前，尽可能地试着把崭新的开闭式圆顶具体化。我们采取的探讨方式是：对开闭结构，也就是这个建筑的硬件作出提示，让硬件作为刺激诱导软件产生，等软件产生之后再修正硬件，又进一步促使软件成长，在这样的反复中将会制定出规划。

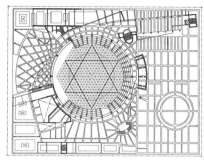

图2　屋顶平面图

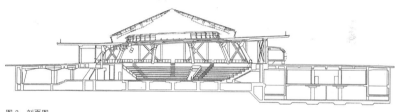

图3　剖面图

千变万化的出人意料的空间

结构规划中有各种各样的做法，而我们在这个建筑中采用了这种新颖的手法。

那一天和伊坂先生的讨论中，有一个后来才意识到的重要的关键词。就是在各种各样的议论中，"开闭式圆顶"这个词和"可变式圆顶"这个词是混合在一起的。当时是无意识地使用了，但是，过几天再次阅读了记录之后，我从直感上决心着眼于"可变式圆顶"了。如果屋顶能够变动，它的内部、外部空间随着它的变动产生连动，使它具有千变万化的形式，不是在开或闭之间二者择一，而是创造出"自由自在地变化的空间"，那真是又有趣又能够对应各种各样的活动。或者说，由于那里创造出的意料之外的空间，也许能够让人发现前所未有的全新的活动。

可变的圆形屋盖之研究

从开闭式到可变式

从那以后，好几周都埋头于方案的制定。

		收 藏 场 所			
		横向 Side	中央 Center	扇形 Fan	外周 Outer
收 藏 方 式	滑动 Sliding	SS	SC	SF	SO
	折叠 Folding	FS	FC	FF	FO
	转动 Rotating	RS	RC	RF	RO

图 4　开闭形态的分类(参考资料: IL 14 ANPASSUNGSFAHIG BAUEN, ADAPTABLE ARCHITECTURE)

图 5　呈关闭状态的全景

图 6　开闭中的全景

　　包括海外，已经有许多大规模的开闭式圆顶建筑获得了成功，但是把开闭这个问题回到最基本的地方来看看吧，在 IL14 号里面记载了最完整的归纳。就是图 4 的开闭形态的分类。图中的纵轴是收藏的方式，有滑动、折叠、转动的三种，横轴是当屋顶打开的时候往哪里收藏的场所问题，是横向收藏吗？是放在中央？是像扇子那样折叠进去的吗？是推向外侧的吗？以这样的分类组合来决定开闭的系统。

　　这个图中所记载的 IL 是取自书名＜Institute for Lightweight Structure＞的打头字母，是德国斯图加特大学的轻质结构研究所发行的杂志。领导着这个研究所的是弗赖·奥托博士，他是近代结构学的权威，并且，为了把他的结构思想推向全世界，一直在从事着繁杂的出版工作，IL1 号是 1969 年出版的。这是学习结构方面不可缺少的书，

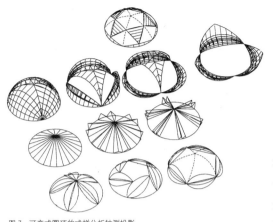

图7 可变式圆顶的式样分析轴测投影

在我手头有 IL1～39号，仅此书的发行就是一项非常繁重的工作。当我从原理上考虑结构的问题时，总是要看看这本杂志。

一边看这个开闭形态的分类图，一边根据自己的思路考虑了开闭系统，如图7所示。我打算从单纯的"开闭"向"可变"这个概念转变。

可变式玻璃屋盖

另一方面，无论成立了怎样的系统，屋顶材料的选择与那个系统都有着密切的关系，所以必须明确它的形象。

从这个设施的布局条件出发，再者作为现代性的主题，电视局和伊坂先生提出了"与自然的共存"来作为建筑的主题。我提出了能够对应这个主题的原材料——"玻璃"为候补。屋盖不是关闭的物件，而是真实地反映出每时每刻的天空的景色，尤其是当你想到札幌的大雪，想到在室内观看漫天雪花飘飞的景色，那么，除"玻璃"以外，有更好的材料吗？

各种苦思冥想的结果，终于形成了以玻璃构成的图12的系统，所以我把这个方案整理之后提出了，这是那一年的11月1日。当天，在札幌召开的建设碰头会上，这还是一份模糊的提案，再把这些想法归纳起来做成模型已是12月13日。又再次把它拿到电视局，提出了自由变化的"可变式圆顶"和"玻璃屋盖"的方案。

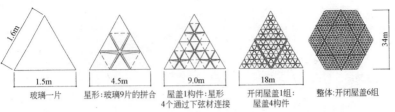

图 8　钢结构屋盖的构成图　从左侧开始，从玻璃一片的大小开始，一片片地拼上去，就构成整个屋盖

通向具体化的道路

来自业主的信赖

在翌年的 1997 年 4 月向电视局提出的基本设计报告中，没有说明可变系统机械的现实性。因为实际上还没有将想法整理清楚，所以，在这个阶段我能够想到的方法，只是单纯地设想着由内侧向上推的时候，就像汽车的千斤顶似的，利用螺钉，使构件自身一点点改变几何图形的位置向上推去。电视局接到了这个不成熟的报告后，同意了这个方案，并期待今后的一年里实施设计，得到这样的回答，感激的心情真是终身难忘。能够遇到对我们的技术设想如此信赖的业主，实在不知道该如何表达心中的感谢。

动工已经定于 1998 年 3 月(札幌电视创立 40 周年的当天)，所以全力以赴地投入了可动的机械系统设计。最终我们制定了图 13 的系统，但是在现实性方面其中还有些疑惑之处，所以请了川崎重工的小南忠义先生担任顾问。小南先生是在建设东京国际广场时认识的，虽然身在川崎重工这样的大公司，却是一个探求个性化技术的人，我了解他，所以能够放心地请求他的帮助。

设计完成于 1997 年 10 月，然后送到建筑中心去审查，12 月里评定结束。在设计工作进行的同时，又动员勤工俭学的学生制作了模型，大小为实物的 1/30，用电池转动，完成的模型送到电视局去了。因为要让电视局的规划人员看到屋顶转动的样子。第二年，开工之后以 24 个月的工期完成了建设。

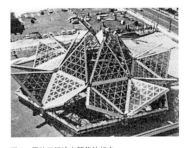

图9 屋盖开闭途中暂停的状态

图10 屋盖完全打开的状态

图11 屋盖关闭的状态

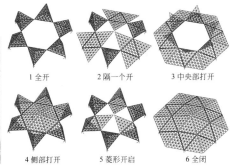

1 全开　　　　　　2 隔一个开　　　　　3 中央部打开

4 侧部打开　　　　5 菱形开启　　　　　6 全闭

图12 能够自由构成的开闭式样

开闭式屋盖的机械设计

作用于开闭的部件及动作

整个屋顶是直径 34m 的圆外接六角形为底边的高度 6.5m 的六角锥。六角锥的各面分割为 4 个相似的三角形构件，打开的时候，以中央固定的三角形的各边为轴，3 个构件转动，顶点相合成为四面体。

全部打开的时候，可以看到整个屋顶浮现出 6 个四面体。相反，因为屋面是玻璃，所以，以一边是 1.5m 的拼合体来看，如果像图 8 那样找出拼合的法则，就知道了屋顶整体的形成法。

开闭采用机械方式，主要由 8 个部件构成。

屋顶桁架：三角格子的组合式桁架。

轴　　材：开闭系统的转动轴，安装在屋顶桁架旁边。这个构件
　　　　　不转动。

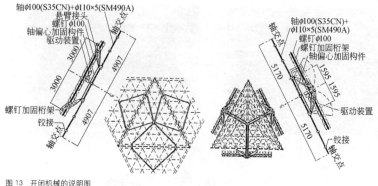

图13　开闭机械的说明图

铰　　链：内部装有轴承，能够在轴材周围转动。

悬　臂　材：把三角组合的重心顶上去。

悬臂接头：承受悬臂材的反力，支持悬臂材的位置。

螺　钉　材：右螺钉、左螺钉都各切掉一半，使它转动并带动悬臂
　　　　　　接头。

支撑桁架：支撑驱动装置和螺钉材。

驱动装置：电动式马达，通过减速齿轮带动螺钉材转动。

开闭通过以下动作进行。

（1）用驱动装置带动与屋盖并行的螺钉材转动。

（2）两根悬臂接头被对称地拉近内侧。

（3）安装在悬臂接头前端的悬臂材也被拉近内侧。

（4）因为悬臂的长度不变，当外部变长，就把屋面顶上去。

这个系统无论是正在开闭中还是全开状态下，悬臂材都成为支撑
的悬臂，不管停止在怎样的状态下，结构上都是稳定的。并且，由于
驱动装置是个别地安装在18片的三角部件上，所以，屋顶的开闭状
态可以变化出无数的式样。若是关闭状态，为了在积雪和大风条件下
保持刚性，在三角部件的前端安装了闭锁结构。驱动装置停止后的形
状保持是依靠电磁式制动器控制。在停电的时候制动器也处于 ON 状
态。开闭的速度按照顶点速度 15mm/s、重心速度 5mm/s 设计。开闭
所需时间约 20min。

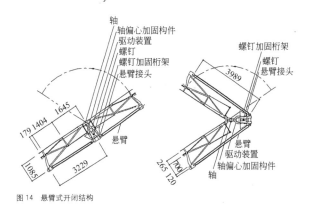

图 14　悬臂式开闭结构

图 15　圆形表演场 关闭的状态

机械设计的有趣之处

应该进一步学习其他专业的技术工学

通过这次的工程实践，我发现，建筑的结构设计和机械设计理所当然的有许多的共同点。经过各种各样的思考和研究，明确我们要建造的物体的目的和概念，在这样的基础上来考虑机械的动作系统和各个部分的材料性能，提高细部的品质，多次的反复检验它的错误来解决问题，总结出整个系统。这种做法无论是建筑还是机械都完全相同。但是，在验证那个系统方面，由于我们没有经验，所以十分困难，是川崎重工的工程师们彻底地为我们解决了这个问题。尽管是经过大量的验证项目才完成了设计，但是他们还是在工厂反复地进行组装试验，直到确实可行为止。

　　很早以前我就想过，作为工学的建筑技术通过与造船、车辆、航空、机械技术的交流，将开拓出更加崭新的领域。但是，这个工程让我深深地体会到：那不是交流，倒不如说我们应该更加积极地学习那些其他领域的技术工学。

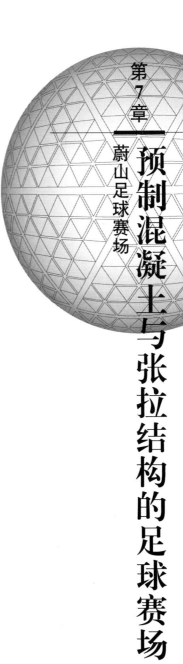

第7章

蔚山足球赛场

预制混凝土与张拉结构的足球赛场

挑战设计竞赛

韩国的同志 Shim In-Bo

1996 年 4 月 10 日，那是距今约六年前的事，韩国的建筑师沈仁辅(Shim In-Bo)先生打电话到我东京的事务所来。以前访问汉城的时候，我和沈先生有过几次见面的机会，我们曾经交谈过对韩国的设计界僵化现状的不满。他认为，如今的韩国建筑完全没有以"结构设计"为立脚点的作品，始终停留在表面的设计上。这是一位胸怀大志，要使本国的建筑赶上世界潮流的建筑师，所以，我们之间又是志同道合的同志关系。他是当时 POS-AC(作为韩国巨头企业之一的浦项钢铁厂的设计部门，后独立为事务所，现在总部设在汉城，从浦项钢铁厂脱离，从事着独立的设计活动)的负责人，个人方面有着广泛的国际性的人际关系，是韩国不同凡响的人物。

建设世界杯足球赛场的邀请

沈先生是善于一本正经地表达的人，在打那个电话的时候也非常地冷静，他在电话里说："渡边先生，我想和你谈谈有关 2002 年的世界杯赛的事情。在韩国，几乎所有的会场都将要举行设计的竞赛，如果搞得好，获得三个会场的设计也并非不可能。举办城市已基本上决定了，但是建筑地点还不能，特别指定的地方好像有许多。其中的蔚山市足球场的设计竞赛很快要举行了。我们先一起来参加这个设计竞赛，如果有机会也挑战以后的设计竞赛，你认为怎么样？"

这个时候，我考虑了两件事。在日本也要建设 10 个会场，但是，那些项目几乎都被大型设计事务所和超级总承包商囊括了，轮不到我们，所以，到韩国去协助参与真正的赛场建设也不错。再加上，大型设计竞赛是全世界共通的事，幕后也常有一些相当骗人的做法，因此，如果不是能够取胜的竞赛就没有参加的意义。尤其从东京大老远的跑去，如果不是能够取胜的竞赛太不值得。在这一点上，沈先生的声音给人感觉出奇地冷静，这正是本人相当兴奋的原因，反过来一想，我决定赌他的胜算。

电话打来的第二周，我到汉城和沈先生交谈了几个小时。我们作

图 1 鸟瞰全景

图 2 侧面全景

了预测，估计蔚山的设计竞赛的主要项目是足球专用赛场，容纳人数要求四万五千人的规模，并且，观众席的 75% 以上要有屋顶等等。当时与沈先生交谈后做出了以下的决定：制定彻底不浪费的紧凑的赛场方案，让观众能够看到赛场的各个角落，以便于全面地观战。为了使选手和观众能够融为一体地投入火热的竞赛，就要考虑采用怎样的结构来达到这种促使一体感产生的赛场要求。而且，把贯穿竞赛场、观众席、屋顶这三者的结构理念放在中心轴的位置来考虑。

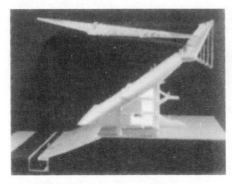

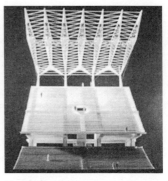

图3 结构模型(剖面)　　　　　　　　　　　　图4 结构模型(正面)

在设计竞赛上提出的方案有三个主要方面

把观众席的三分之一安排在地面标高以下

第一个方面,是在赛场的建设中为了实现低成本化,把观众席的三分之一安排在地面标高以下。设计中计划挖开约7m的深度,把那里作为观众席。这样做可以最经济地建设观众席。这个时候的问题是必须把选手的休息室等安排在地下室,这就需要增加成本费用,所以要计算这方面的平衡,不过,好像地形能够巧妙地加以利用。还有就是天然草坪的培育所需的日照和通风如何确保的问题。作为解决这个问题的方法,考虑到把南侧屋顶的装修设计为透明的,使冬天的日照不受影响,把地下一层的结构形式设计为鸡腿式样,以确保充分的通风。

结构整体形成不需维修的状态

第二个方面,剩下的三分之二的观众席是建在地面的,但是,在一开始就要考虑削减这部分的建设费用的同时,关于将来的维修管理方面,至少还要使结构整体形成不需维修的状态,确保建设投资中的平衡的持续性。于是决定提出预制混凝土工法的方案,将工厂制作的高强度高密度的混凝土构件在现场组装。构件的结合有的跨度很大,将采用预应力混凝土后张法。这样也能够保证高度耐久性。还有,阶梯式的观众座位是先张型的预制混凝土,通常都是把两层或三层作为一个整体制作的,而我的提案是一层一层地分散制作,并在上下层的

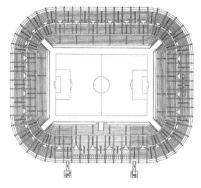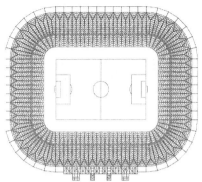

图5 观众席平面图、屋顶平面图

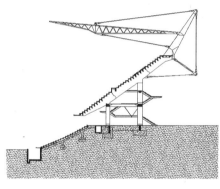

图6 标准剖面图

地板间留下缝隙，让光线和风从缝隙里也能穿透到地板后面。实际上，这个想法来自很早以前我就考虑着的一个问题，即：现有的不管是哪里的大型运动场，我们都会看到赛场的外侧和内侧的漂亮的空间不一样，赛场的背面可以说是潮湿阴冷的，要想消除这种现象，结构上要采取什么办法呢？

将屋顶设计成鲤鱼旗（在日本的传统儿童节时悬挂的鲤鱼状的旗帜）**状的轻快形象**

然后，第三个方面就是把观众席的屋顶设计成犹如漂浮在空中的鲤鱼旗状的轻快形象。PC的撑脚桁架最上段的支柱和屋顶结构用螺栓结合。从那里往前端缓缓鼓出，到了最顶端再次缩小。用吊架从它最鼓出的地方将屋顶吊起，这样就能使屋顶结构的膨胀和力学的性质形成一致，进一步，再把赛场的照明器具、广播设备等安装到这个鼓出的部位的话，就能有效地利用屋顶中的空间。屋顶外侧的顶端部分很细，能够鲜明表现出边缘的棱角。为了防止支柱转动需要后拉杆，把这个杆露出在运动场的外侧，让最后的反作用力再回到预制混凝土的撑脚

图 7　预制混凝土看台和屋顶支柱、后拉杆之间的平衡

桁架上，这样就能完成整个屋顶的结构。

因为屋顶的挑出长度约达到 45m，所以为了抵抗台风的吹刮力，把拉索固定在观众席的上空。

作为都市开发的一个环节来决定赛场的位置

承担了国家的要求和都市再生的重任

后来，这个设计竞赛举行了，我们有幸能够得以当选，当年的年底，具体接受了设计的委托。那时候，韩国的其他 9 个会场也顺序实施了设计竞赛，决定了设计队伍和施工单位。韩国国内的建筑设计者、结构设计者、园林设计者、大学教授、建设公司，还有海外的工程师都纷纷加入，那种相互竞技的空前盛况，连我这样的围观者也感觉到了如火般的炽热，不断地涌现了许多快乐的事情、有趣的事情。的确，跨越全国范围的赛场建设，并且十个会场同时建设的盛事是前所未闻的事件，在韩国建设史上也是值得特别记载的大事件。

另一方面，同时期里经历了 1998 年的亚洲金融风暴、韩元大暴跌，被迫向 IMF(联合国国际货币基金组织)借贷并接受了 IMF 的管理，韩国的经济陷入了大混乱的时代。我们的设计完成时基本处于这段时期，在大型企业的崩溃、领导人的交替、长期低迷的经济状况等情况下，我惟一的同盟者 POS-AC 的沈先生被解除了社长职务。这对我是个很大的打击。在当时韩国的严峻状态下，我完全不知道怎样去把这个设施建设起来，实在感到了绝望。

但是，伴随着巨大投资的十大会场建设，虽然受到国家的经济形势、社会变化的影响，还是成功地完成了。我认为，其原因在于韩国的政府将这个世界杯赛明确地放到了国家事业的位置上来对待。同时也可以看到，与每个自治区的负责人将这件事作为国家的要求同时也是各个都市再生的机会，将它紧紧抓住的态度有很大的关系。

令人感动的委托人——蔚山市长的话语

在蔚山赛场的设计进行中，有机会遇到了蔚山市的市长沈完求先生。他对我说："渡边先生，蔚山这个城市在战前是个平静的渔港，战后成为财阀的现代集团的根据地，作为重工、造船、汽车业等工业的都市，实现了高速成长；但是，同时它也成为了韩国国内具有代表性的公害都市。为了改变这个坏名声，我们对目前将要建设的这个赛场也寄予了厚望。希望就以这个赛场作为起点，在 21 世纪将蔚山建设成一个与工业并立的体育、文化、艺术的都市，所以请一定把它建设成为能够夸耀于世界的赛场。"我感到能够遇到如此支持工作的委托人，真是太好了，当时内心的感动至今记忆犹深。一般情况下，委托人一定说："渡边先生，现在经济方面遇到了困难，无论如何请尽可能从降低造价考虑进行设计。"而我们也听惯了这种说法，所以，市长的话给我们留下了格外深刻的印象。

美国式建设体制和亚洲式实施体制的共存

美国式契约社会的原则

现在的韩国建设部门的指导者们、大学的老师、设计事务所的主要成员、建设公司的领导们，都是曾经留学美国的人士。这种情况与整个社会的美国化叠加在一起，建立了美国式的建设体制。

为了把设计契约或施工契约过渡到契约社会，就需要严密的契约。我们的设计结构契约书也打印了超过 40 页的 A4 纸，关于具体部位都详详细细地写着工作范围，这些字句的调整花费了 4 个月左右的时间。我知道这些工作是毫无意义的事，所以不去关心，可是，双方的会计师们付出了很大的努力去整理文件。尽管在设计这种创造性的行为中无法预测可能发生之事的情况很明显，还是要把预测全部转换为文字，所以不可能不变成庞大的内容。可是，实际上一开始工作，谁也就不会再去看那本契约书了。

图 8　从公园内的池边眺望对岸的赛场

　　在推进工作方面，最重要的事情无非就是维持与这个工程有关的机构、公司、个人之间的信赖关系。信赖关系如果能够维持，契约简单方便的就好，信赖关系如果失去，无论有怎样详细的契约书也不起作用。如果把这种理所当然的道理称为亚洲式体制，那么，美国式建设体制就意味着形式，而亚洲式体制则意味着实质。我强烈地主张过这种想法，但是除了一小部分人以外，几乎遭到大多数人的反对。多少次被忠告说："渡边先生如果自己那样想的话，在今后的时代里，恐怕将没有人和渡边先生签约，你会失去工作的。"可是，至今我依然认为，实际上亚洲式体制才是实质内容。

亚洲式体制的本质

　　在金融风暴的时期，发生过一件事。当时韩元暴跌到了约一半的价格。因为我的契约是以美元支付的，所以，根据时价计算的话，必须准备 2 倍的韩元才能支付我的设计费。两周后对方来信要求说："情况实在非常困难，希望把签订的设计费作些调整"。我也早就想到了，立刻回答说："在 20％～30％之间下调吧"。对方回信说："不愧是亚洲人，如此的通情达理，真是非常感谢"。类似这样的场合，追求美国式契约社会的人将如何对待呢？

　　设计也是根据美国式建设体制，分为基本设计、实施设计、施工设计的三个阶段进行；但是，这只是形式上，实际上它的界线很模糊，并且在设计图纸和计算书上也参差不一。设计与监理被完全地分离，据说是形成了这种法律，如果你要求出示这个法律，也没有人让你看到实际的文件，我想大概是习惯或是政府的指导程度的问题吧。于是，我五次向市政府作了陈述。我说："如果从我手里拿走监理的工作，这个赛场就不可能建成。事故发生之后，后悔的将是业主方。设计和监理是一个整体，我们对完成的建筑物是负有责任的，不是对画在纸上的图面负有责任"。结果，市政府当局以这座设施在技术上有特殊之处等，作为一种理由和我们签订了监理的契约。打听之后了解到，这种例外似乎也不少。随着时代的发展，过去的常识正在发生着变化，人们意识到美国式的做法过于形式主义论，反而亚洲式的做法才是实质论。形式上的 CM 制度被热衷地导入，结果意义不明的纠纷不断发生。

为制作成堆文件的工作

施工契约是将图面和特别记载的规格，以及数量预计单等组合起来签订，这种方式也是美国式的，但它不是一揽子的承包契约而是数量契约。因此，施工开始之后如果出现许多变更的话，施工的公司就坚决不能接受，我主张："这不是变更而只是改进"。最后，只有根据有无发包者的签字盖章来决定。

所有的人都非常害怕会计监察，这是一个全世界共同的现象。我在工地上说："监察是当施工中有不正当行为发生时才会出现问题，我们是在改进中正确地推动施工，没有什么可担心之处。"但是，谁也不相信我的话。在实际监察开始的前几个月以及监察当月，为制作文件，所有的人都忙得昏头转向。有趣的是，现场的施工每天按照计划平静地进行着，但是，现场事务所里面却变成了大喊大叫互相争吵的战场；虽然是现场上早已经完成的部分，还有人在拼命地进行着计算机辅助设计（CAD）的修正。CM 或是 ISO（国际标准）等管理系统所做的工作就只是制作堆积如山的书面文件，这是美国式的想法。

另一方面，在十个比赛会场的工地之间，有十分密切的情报交流。经常传来这样的消息："某某地方在监察时发生了某某问题，由于什么问题争执了几个星期……"。在施工中，我也曾不打招呼地突然访问过许多会场，而所到之处，人们都十分诚恳礼貌地接待我，并且热心地和我谈论了建设界的整个面貌以及建筑细部的情况，这种待人接物的亚洲式交流非常活跃。

地下 RC(钢筋混凝土)结构

一般混凝土与饰面混凝土

RC(钢筋混凝土)结构除了特殊部分以外,是不画施工图的。基本上,施工公司不画施工图,只根据设计图进行全部施工。钢筋混凝土施工的单价非常便宜,模板采用胶合板和金属板混合使用,而模板工们即使根据不完整的设计图也能巧妙地将它拼出来,不会弄错。如果在最初阶段就决定好钢筋保护层的厚度等基本问题,钢筋的排列也做得整整齐齐,就一定能够把钢筋的加工和组合做得很漂亮。我们知道,在结构的安全性方面是不需要施工图的,只有当混凝土和窗框之间的嵌合或是需要接缝和微妙的高低差时,才需要施工图。因此,如果不画施工图进行钢筋混凝土施工,在这些有难度的具体部位就不能做特殊的施工,最终只能形成相当粗糙的嵌合。不过,并非粗糙的就是不好的,例如像赛场这样的巨大框架结构就不成问题,这样就合乎理想。

在日本和欧洲以外的国家,经常听说不能使用饰面混凝土,其实并非不能使用,而是与这种美国式的施工方法比较起来,饰面钢筋混凝土方面的施工单价约高达 4 倍之多。饰面钢筋混凝土方面,要提出详细的施工图,准备详尽的、不同形状的模板,把接缝的排列和隔板的排列作特殊处理,在施工中要保证混凝土能够迂回地送到规定的每个角落,仅仅这些就要花费 4 倍的费用。事实上,如果是投入了这种预算的建筑物,一定可以看到非常漂亮的饰面混凝土,我很赞同这些看法。有人为我们说明了这两种单价不同的原因,是由于一般混凝土和饰面混凝土的施工图和施工技巧不同而导致。

设计的最终阶段是施工设计。这不是意味着制作施工图,而是要求将详细基准标注在设计图上,依据这张设计图就能够进行施工。但是,需要标注到什么程度可以施工呢?因为这个施工的详细基准的制定是比较暧昧的,所以设计者的水平决定了施工设计的不同。可是,现场的施工者是非常优秀的,施工图纸虽然不足,他们仍然可以正确地施工,经常听到施工现场的所长怒吼着:"快点把某个地方的施工图

图9 赛场内观

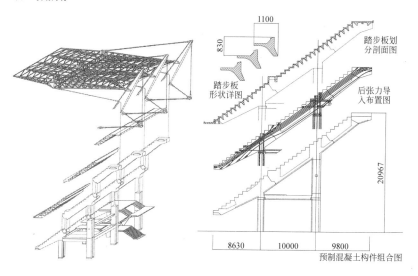

图10 组合投影

图11 预制混凝土框架剖面和观众席踏步板的形状

纸画出来"，可是到现场去一看，早就已经完工了。这种现象屡见不鲜。

在工地临时事务所里面一贯没完没了地持续着美国式的会议，而实际的现场上则采用亚洲式的对话使施工圆满地进行。包括日本在内，这种意识上的差别实在太大，对于今后的建设来说，都是令人感兴趣的问题。

预制混凝土结构

"根据功能标进行责任施工"之系统的问题

这里的预制混凝土结构基本上根据功能发标，因为美国的系统完全采用这种形式，所以，大概这种做法也是学了美国的吧。有人告诉我，只能把预制混凝土的形状画在设计图上，不能把配筋或预应力量写上去。据说这方面是由预制混凝土公司计算并决定的责任施工。十个会场的观众席踏步板都采用预制混凝土和导入先张法的预制混凝土。这个责任施工的说法也是很奇妙的，如果预制混凝土公司没有设计能力，预制混凝土结构就无法实现。经常施工的踏步板或小梁楼板之类，预制混凝土公司根据经验也能设计，所以没有问题。但是，哪怕有一点新的想法，或是没有经历过的事要采用预制混凝土，就会遭到坚决的反对而不能实现。在十个会场的设计当中，不仅是踏步板，还包括支撑踏步板的小梁以及柱子、大梁等，好像有许多设计者都考虑过采用耐久性高的预制混凝土结构；结果，由于发包单位及施工单位和预制混凝土公司的反对，没有得到实现。从原理上说，是受到了"根据功能标进行责任施工"之系统的阻碍。这个问题不在于成本，但是，要改善其设计与施工之间存在的矛盾是很困难的，因此，所有的人就都借口说是由于预制混凝土的费用太高的问题。

实现预制混凝土施工为止

蔚山足球赛场的观众席全部采用预制混凝土结构。为了实现这个设计，我花费了大量的精力。设计一开始，我就设法抽出时间访问了韩国国内的预制混凝土有代表性的 6 家工厂。但是，我发现没有能够制造和安装柱、梁以及大型小梁的工厂。在那种情况下，我得到了一个情报。据说：几年前，日本的预制混凝土界的领袖之一中野清司先生作为团长，在大邱市召开过日韩预制混凝土讨论会。如果能够找到当时的韩国方面的指导者，就可以得到线索。在实施设计进入尾声的时候，终于有机会见到了在大邱市的和成产业的柳熙元常务和岭南大学的金奥山教授。和成产业是预制混凝土的中坚厂家，在大邱市从事建设业和服务行业，是当时的地方财团。柳先生是这个公司负责预制混凝土制造的常务董事，是一位对预制混凝土有着极度热爱和兴趣

图12 预制混凝土小梁的安装

图13 预制混凝土和后拉杆的关系

图14 弯曲部分的施工

的技术人员，他对我说："渡边先生，这件事很有意思，我一定尽力帮助你实现这个目标"。他也是召开日韩预制混凝土讨论会的主办方，计划在韩国国内普及预制混凝土。他非常积极地，自己制作了各种各样的小册子，关于预制混凝土结构所具有的结构面、施工面的合理性和耐久性、经济性，作为建筑物的优雅性、坚固性，技术方面的崭新程度等等，都作了引人注目的介绍，正是柳先生为预制混凝土的实现打下了基础。

另一位金教授，他在大学的研究主题是预制混凝土结构，他不仅从事研究，自己还常年地参加设计活动，是一位温和敦厚的先生。尽管我们是初次见面，从见面之后到今天，在预制混凝土之外，他还教给我许许多多的学问，不仅如此，他还为我介绍了许多位其他大学的不同年龄层的优秀教授。我们的设计大体一完成，就送到蔚山市的技

图 15 预制混凝土框架的安装

术审查会，但是审查会的先生们不了解预制混凝土，所以最初遭到反对，有人提出不能支持有危险的做法，后来请金先生一出场，几天后审查就结束了，建设许可下来了。

以这二位为核心建立了预制混凝土施工队伍，但是在施工当中我们发现，只有后张法的施工技术好像有些欠缺，为了弥补技术上的不足，我请求建设海洋博物馆时共同工作过的黑泽亮平先生担任技术指导。黑泽先生觉得这也是为了日韩友好，很快就接受了。他采取的体制是：前面一半的时间让"和成产业"的几名员工到日本去，在黑泽先生的施工现场接受后张法施工技术的训练，后面一半的时间是黑泽建设的几名员工到韩国的现场来，直接指导工人。蔚山足球赛场的预制混凝土结构得以实现，是仰仗了柳先生、金先生、黑泽先生这三位的鼎力相助，如果遵守美国的建设方式就无法实现。

进行招标后决定了建设公司，是韩国国内最大的现代建设公司。最初，现代建设激烈地反对我们的方案。总公司的某位领导提出："我们公司和当地的预制混凝土厂家'和成产业'之间，从来没有共同工作过，如果这个公司中途破产的话，渡边先生将如何承担责任呢？"这是总承包商有反对意见时常用的话，我早已习惯了，所以回答说："是呀，作为可能性是很大的，真不好办"。然后，我把现代建设公司的现场所长拉进来，花费了很长一段时间进行协商。因为所长对这个工程很感兴趣，跃跃欲试地希望能够设法按照设计图来完成施工。我多次在蔚山、大邱、汉城、东京之间来回往还地进行了协商。

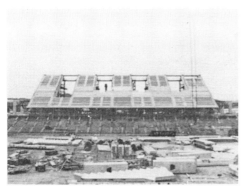

图16 观众席的直线部分

当工程上要求必须尽快拿出结论的时候，我们成功地提出了绝妙的方案。内容如下：力所能及范围内的构件，由"和成产业"现在的大邱工厂负责制造，其他的构件，尤其是大型的构件，就在施工现场设立临时工厂，就地制造。现场内有预定的大型停车场用地，已经平整完毕可以使用，还能大幅度节省搬运费用。"和成产业"把熟练工人中的一半人数分配到临时工厂，进行制造。"现代建设"预备蛇腹式帐篷，保证雨天也能进行浇灌，"和成产业"准备旧锅炉设备用于蒸汽养护。"现代建设"的工作人员每天都可以管理预制混凝土的制作状况和质量。当地的预拌混凝土工厂不适应高强度混凝土的生产，所以要立即投入试验。这个基本方针一决定，全体就立刻行动起来，转眼间预制混凝土的制造就开始了。现代建设公司在方针决定后的施工速度真是出类拔萃。他们依靠了巧妙的安排而不是采用人海战术。

尽管是同样混凝土系统的结构，但是对于钢筋混凝土和预制混凝土来说，其建设的处理方法则完全不同，这一点很有意思。作为预制混凝土的魅力之一，建设者的个性很重要，从建筑物上就可以感觉到每一个参与建设的技术者的面容，也左右了由各方面进行协作施工的成功与否，我对这些总有深切的体会。

钢骨结构

以亚洲的方式推进工作的要点

钢结构施工中也并存着美国型的建设方式和亚洲式的实施方法。

图 17　工人们在等候现场组装好的组合钢梁

钢铁厂负责绘制有关制作构件和它的连接部位的全部施工图。但是，钢材的下单是根据设计图由建设公司独自进行。尤其在经济动向摇摆不定的时期，并且像赛场这样需要大量钢铁的工程来说，对炼钢厂下定单的时间把握非常重要，与自己的利益有直接的关系，这就要看建设公司的本领。在检查施工图时，只要我们一提出说："这里想做一点变动"之类的话，现场管理的所长就会面红耳赤地发火说："所有的钢材都已经下单了，如果不给追加费用，就是想改变一根螺栓，我也绝不能同意"。我反驳说："有增加的地方也有减少的地方，只要总体的钢材量不变不就行了吗？"但是他不理睬我，说是契约上的变更是不可能的。于是我们就在施工图上搞起了拼图游戏，把这片钢板移到这里，又把这块板拿过来等等，因为这都是很急迫的工作，所以只好彻夜加班的干。正在这时，那位所长走进来，问说你们在干什么，我们回答说正在搞拼图，他听了十分吃惊，于是说："好了，我知道了，尽快把变更设计图画出来，我就照图去做吧。"我们知道，要以亚洲的方式推动工作需要付出一定的努力。

　　钢构件虽然在钢铁厂里制作，但是施工方不在工厂里进行产品检查。原则上由工厂保证他的产品能够达到施工图和规格说明书所要求的质量和精确度。运到现场的产品一旦被我们指出有问题，厂方就要在当天将这些不正确的制品搬回工厂，修正之后重新运来。这一切是公事公办。可是这样做将严重影响效率，所以我提出："如果在工厂进行检查，不是可以永远保证不让有问题的制品进入现场吗？"的主张，但是，无论建设公司还是钢铁工厂都强调没有这个检查系统，检查

图18 安装的精确度要依靠工人的技术来决定

员的费用出处在工程契约上没有记录，因而不予接受。尽管如此，因为我们希望在很短的工期里又快又好地完成施工，所以就决定自费的跑到工厂去检查。一到那里，工厂的众人反应都非常友好，一整天陪着我们，热心地商讨了与检查有关的每项问题。去了几次之后，现场的所长也操心起我的交通费和住宿费了，他说他无论如何能够挤出这些钱来，请渡边先生不要担心费用，只管到工厂去，他已经知道这样做对提高工程的效率非常好。终于，原则后退真情流露了。不过，因为制度依然是严格的，所以在解决的手法方面，所长可能费了不少脑筋去打报告和应付各个方面的说法。

在现场安装大型的钢结构当然需要大型的起重机，蔚山市也从一开始就计划采用750t的履带式起重机。这么大型的起重机在韩国国内只有4台。因为10个会场几乎在同时期进行施工，所以我曾经担心是否会出现各个现场的争抢使用而陷入混乱，后来知道那完全是杞人忧天了。也不知怎么一回事，各个现场之间的联络十分亲密，通过相互的工程调配，顺利地安排了大型重机的轮流使用。

张拉结构和膜

改变韩国建筑史的张拉结构

在韩国的10个会场当中，把屋顶从上面吊起的张拉结构形式占绝大部分。大约是因为这种方式能够形成轻快的结构吧。在汉城、蔚山、全州、仁川、济州的5个会场中，都是采用了建造支柱把屋顶吊上去的方式。大部分的会场都是从地面上把支柱立起，只有蔚山是从

图 19 直线部分的屋盖安装完毕

撑脚桁架的顶部建造支柱，然后使它与下部结构相连。每根吊杆全部设置了后拉索，使支柱的顶部保持稳定。汉城、蔚山、全州的 3 个会场安装了防止屋面被风刮起的紧固索；水原会场虽不是悬挂式屋盖，但使用了张拉材料作后拉索；然后，实现了张拉场结构的是釜山会场；共有 7 个会场应用了张拉结构。令人真实地感受到面临着韩国建筑史上的巨大的转换期。

张拉材料方面也涌现出许多种类，如钢索、绞合缆绳、锁紧钢丝、电镀钢索、还有杆……。这些全是国产的，可以自由地设计。蔚山生产的是绞合缆绳，为了防止生锈，使用了称为 SC 钢丝的，用环氧做过特殊处理的材料，这也是高丽钢铁厂生产的产品。

在屋顶材料中应用薄膜，创造出明亮而雅致的空间的有釜山、汉城、仁川、大邱，以及济州 5 个会场。每一个会场对天然草坪的培育状况都非常在意，几乎有些神经质了，都期待着聚四氟乙烯(特氟隆)薄膜带来良好的透光率。正因为是薄膜材料，不知什么原因，它的寿命、耐久性成为很头疼的话题。我以前也设计过使用薄膜材料的建筑物，但是和发包方对话时搞得焦头烂额，到最后竟不知是怎么一回事了。发包方说："聚四氟乙烯薄膜的寿命有多长？"设计方说："可以保证二十年"，接下去"过了二十年就不能用了吗？"，"不是不能用，可以继续使用"，"可以更换吗？"，"设计成可以更换的形式"，"什么时候更换呢？"，"……"，就这样，结果双方都觉得似乎话犹未尽地分手了。

可是，如果听到在韩国的对话，会觉得很有趣。发包方问："聚四氟乙烯薄膜的寿命有多长？"设计方答："不是永久的"，"十年左

图20 后拉索是这个足球赛场富有特色的外观

右吗?""没有那么短","有多长?","半永久性","我知道了",就这样,双方都理解了。我认为,如果考虑整个结构的话,以这种对话方式很容易理解。事实上,蔚山的屋顶是以不锈钢制成 V 型的双重结构,夹进隔热材料的形式,但是考虑到草坪的生长,在南侧是以合成树脂制成 V 型贴上去。原来想用玻璃,因为经费不足所以改用了合成树脂。可是,关于合成树脂的寿命,自始至终没有人提到。

固定缆绳的金属部件的设计

张拉结构中的固定缆绳的端部金属部件的设计很重要。

像这样的地方,设计中多数使用了铸钢件。在这些材料的发包上也产生过很大的争执。最初,"现代建设"的所长明确表示韩国不能制造这种部件,所以我就自己出去调查了。按理说,原本军需产业兴旺的国家,铸造技术应该是很发达的,也是重工业的需要。由于大规模的铸造工厂没有制造过建筑部件,所以不管我怎么说,对方也不肯接受这份定单。于是我改变了方式,找到这些大工厂下面的承包工厂或再转包工厂,直接去见那里的工头。我把那些地方都找出来列成清单,把注明了制造能力和供给能力的工厂名录交给了所长。尽管这样,所长还是在抱怨单价不合算等等,固执己见地坚持说:"用不着铸造的,把钢板适当地焊接起来做成相似的形状不就可以了。"

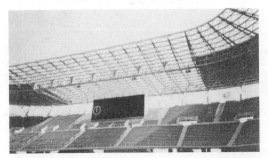

图 21　南侧的透明屋顶

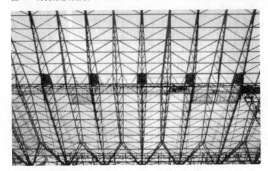

图 22　屋顶钢构

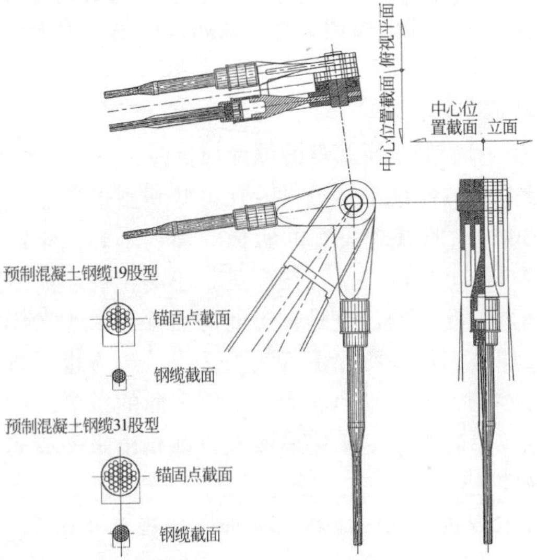
中心位置截面
俯视平面
中心位置截面
立面
预制混凝土钢缆19股型
锚固点截面
钢缆截面
预制混凝土钢缆31股型
锚固点截面
钢缆截面

图 23　支柱顶部的铸钢部件

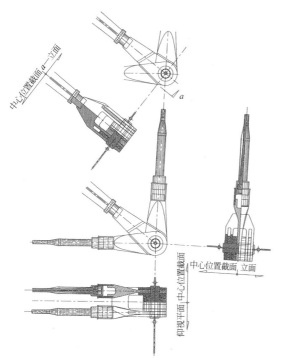

图24 挤压铸钢接头部件

　　我怀着诚意和所长作了深入的谈话。每次见面时又不断地重复向他强调："这个赛场的命运就在于预制混凝土结构和钢缆结构之间成功的结合，它的结合部位不单纯是力的传递，它本身还必须给人以美的感受，这些金属部件如果不像雕刻作品般的存在，这个赛场本身就不能成立的。"最后他也接受了我的意见。

走向"结构设计"的亚洲时代

　　我通过在蔚山的这次工作，真实地感受到：只要亚洲的建设体制落入方针政策上的形式化和规章制度的局限，"结构设计"就将走向衰退。这本书的一开头我也提到了，现代的"结构设计"的历史是以欧美各国和日本为中心发展起来的，而亚洲式的实施体制一旦扎根，不是亚洲的时代马上要到来了吗？我心里涌出这种希望。不过希望的实

图 25　屋顶的牵引钢缆

现还需要进一步的努力吧。但是，"结构设计"的手法是以丰富的健全的空间创造为目标的，所以我也深深地感到有必要积极地打开亚洲的时代。

第8章
冲出『黑箱』

围困现代技术工学的"黑箱" ◂ ◂ ◂

处于现在这样的物质文明或机械文明普及的社会，许多人都相信科学技术总是正义的，阐明了真实。于是，关于科学技术上的问题，在客观上总是相信"答案"是一个。

可是，科学技术当中不仅有许多尚未弄清的问题，即使在常识上认为是"答案"的，随着时代的发展，常识也会被推翻，出现完全不同的"答案"，这种事也常有。虽说是科学技术，也只是人在操作的一个环节，所以，根据那个时代和社会的状况，将出现无数的"答案"。

而且，加上科学技术的领域处于极端专业化的现代，针对一个个的问题，即使那个领域的极少数的专家得到了"答案"，也没有向那些专家以外的人转达，就产生了许多的人不能应用那个"答案"的状况。说得绝对一点，因为只有那个领域的极少数的专家藏着那个"答案"，所以，一般看起来好像还没有"答案"。

如果我们把这两种现象称为"黑箱"，就能够理解许多科学技术陷入黑箱化的现在状况。"结构设计"是把各种各样的科学技术进行分析，将它们的一切统一起来，浓缩到一个建筑物里去的工作，如果不冲出挡在我们周围的"黑箱"，就不能实现我们的理想。

在现代的科学领域中，产生混乱的最大的原因就在于专业分工太过细化了。我们有许多分工非常细微的专家，那么，应该创造什么呢？这个答案谁也不能找出来。或者可以说，把这一个个领域连接起来的部分还处于完全不发达的状态。

具有讽刺意味的是：直到 20 世纪中期，科学技术的细微部分还是"黑箱"似的存在，到了 20 世纪的后半期，虽然有一部分得以阐明，但是相反的，由这些阐明的部分而得以构成的结果（整体形象），又被黑箱化了。对于某种结论来说，如果这个结论是用计算机彻底地多方面分析过而得出的结果，所有的人就都认定应该是对的了。尽管有人直观上觉得：不对，那个结论好像有些奇怪；但是那种感觉上的判断是不受尊重的。对于专业领域具体分工的，激进的科学技术的信仰者来说，凭感觉判断完全是岂有此理的事，当场就会被否定。

但是我确信，了解整体形象的惟一的方法就是培养"直观判断力"和"想象力"。那是掌握科学和技术的细分化以前的"技能"，是自身"技术"的锻炼。

从黑箱中解放的思想是"结构设计"的必修科目。我这本书中介绍的，从"海洋博物馆"到"蔚山足球赛场"的完成，这段漫长的岁月中，伴随着设计行为的进行，经历了同样岁月的是冲出"黑箱"的思考。于是决定在最后一章里加上这个内容。因为我认为：这里讲的不是直接创造东西，而是作为创造东西时的内在的影响，十分重要。

要在地球上造建筑物的话，就必须熟读的一本书 1

在 20 世纪的后半期，科学发展飞快，取得了长足的进步。但是，关于我们居住的行星——地球，从它的形成原因到种种的活动，都还没有充分弄清。1973 年岩波书店出版了《世界的变动带》（上田诚也·杉村新编）一书。我的好友中村博明君（现住在瑞士的巴塞尔）在三十多年前带来这本书送给我，异常兴奋地对我说："如果你要在这个地球上造建筑物的话，尤其是要成为结构专家的话，就必须要熟读它。"

书中提到："地球科学现在正处于动荡时期的最高峰。被深深的海水覆盖着的，令人难以窥测的海洋底部，除了不亚于大陆的移动以外，没有其他变化吗？地球就好像是一个活着的生物体，生命不断地从地球中诞生，又再次潜入地球里面，以相当快的间隔，不断地进行新陈代谢。有一种说法：地球表面由少数个的进行刚体运动的'板块'组成，它们之间的相互作用是地学现象的原因。这也就是板块构造学的出现。"

在这数十年中间，地质学者和地球物理学者们不得不抛弃了历来认为地壳不变动的古教义，而接受了地壳是具有相当大的流动性的物体这一不同的学说。大陆架在几亿年间移动了数千公里这种见解，现在已被广泛认同。因此，地质学今天所处的状况，可以说几乎相当于天文学因哥白尼和伽利略的发现而改写的时期。

人们不断反复地分析各种各样事物的状况以找出逻辑，发挥想象力来组成假设，再把假设与事物的状况作对照比较，配合时间系统进行着验证。"板块构造学理论"的有趣的侧面，就在于它不是一个学者提倡出来的东西，而是根据许多地学方面的发现和观测，逐步地形成的学说。爱因斯坦的"相对论"也是根据在他前面做出努力的天文学家、科学家、数学家们的巨大的研究成果，把各种发现统一起来，把它们放在一个逻辑的"时空"中，建立了体系。与其说他建立了全新的理论，不如说可以理解为原有的各种理论的扩张和统一。当然，我不是否定爱因斯坦的伟大的思考，这里列举的两个例子，只是证明了现在的科学技术的发明和发现的源泉是起因于各种工学的统一。

根据"板块构造学理论"，称为地球表层的数十公里厚度的板块，在整个地球上被分成十块，每个板块都以每年几厘米程度的速度向其他方向移动。板块与板块接壤的地方，也就是板块的边界被称为变动带，那里也是地震带。

地震的大部分发生在这些板块的边界或边界附近的板块内部。在日本附近，有欧亚大陆板块、太平洋板块、菲律宾海板块、北美板块，这四个板块互相呈收缩方向进行着相对运动。日本的太平洋沿岸的海面上发生的地震，多数就是位于这个地带。

这种所谓的板块运动，按理说只要地球内部没有出现什么力量就不会产生，在"板块构造学理论"中认为，越接近地球表面就越冷，而地球的深处很热，这种热度的不稳定是形成板块运动的起因，尽管如此，它的变化也是以形形色色的现象出现。但是，各种各样的主要原因是根据怎样的比例构成，而成为推动板块运动的力量呢？这个问题在我们今天的阶段还不能进行定量的说明。

对于我们的"结构设计"来说，"抗震工学"是重要的课题之一。"抗震工学"的称呼是日本大学的石丸辰治教授命名的，他把"耐震工学"和"制震工学"以及"免震工学"这三种工学的理论统一起来建立了系统，一直在倾力于确立针对地震的设计法。我认为，任何一种工学都和地震的发生原因有着很深的关系，作为我们的实际业务，今后的地球科学的研究成果也将对抗震设计产生很多影响。从这个意义来讲，我们也应当时常关心和注视这个方面的研究成果，不要让它被一部分的专家学者放入"黑箱"。

地震的发生被认真仔细地弄清的时候，我们可以知道最重要的三件事情。首先，我们可以得到说，在这个地球上的什么地方将发生地震？或者是在这个地球上的什么地方不发生地震的解答。其次，可以预测各个区域的地震性质和能量。第三，可以预知地震发生的准确率，这是最重要的事。我们可以想象，弄清这三件事情对于作为实际业务的抗震设计将带来多大的影响？也会使现在的设计体系发生根本性的变革。

不过，设计是以推论未知的事物情况为基础的，所以也包含着有趣的一面。因此说，假如什么都是明明白白的，就会产生非常机械的自动化的抗震设计，也许设计中就完全缺少了趣味。

解放僵硬的大脑 2

记忆的机理被称为脑研究最大的谜，就好像计算机的功能没有记忆功能是无法想象的一样，许多的脑功能，例如认识、预测、思考、运动等等，都要以记忆为基础，但是我们还不清楚它的机制。

在这方面，存储情报的方法不仅是脑的记忆力，在我们的遗传因子中，从父母传授而来的遗传情报也满满地刻在大脑里。在这个遗传因子的磁带上，我们不能任意地输入情报，这是专供阅读的记忆。

我们可以自由地输入或消除的只是脑的记忆，也包括短期记忆和长期记忆，这件事情是很复杂的。把短期记忆转化为长期记忆称为记忆的固定化。结果，我们越努力增大记忆量，固定记忆（长期记忆）的量就越增大；但是反过来，如果一步做错，就会被"固定概念"束缚而难以挣脱了。于是，固定概念一旦形成大众化，它就成为"常识"了。如果陷入"常识"的圈套，"结构设计"就一定做不来了。

然而，我们无法知道什么是正确的，什么是错误的。我们所能做的只是简单地提出一个"假设"说：也许是这样的吧？关于自然界的安排，关于物质的形成都可以有看法，而如果进一步成为人的行为，已经是混沌一片，什么都搞不清了。

我们知道"弱肉强食是自然界的规律"这一类的常识，但是，有大量的出人意料的例子实实在在地存在，马蜂繁衍后代的故事就是一个很好的事例。故事来自《生命潮流》(莱亚尔·瓦特生著　木幡和枝、村田惠子、中野惠津子译)这本书，内容比较长，这里把主要情节摘录一部分来看。

"马蜂的成虫是食草的而幼虫则是食肉的。因此，幼虫的生命与它的母亲能否正确地为孩子选择自己绝对不食用的食物关系重大。马蜂幼虫的成长中只以蜘蛛为食。马蜂中的雌性，也就是即将当母亲的雌蜂，一旦产卵期临近时就出外采集食物。晴天的傍晚，它们在地面上低低地飞着，寻找爬出来猎食的蜘蛛。可是，蜘蛛的视力很差，耳朵也听不见，所以在寻找食物时主要依赖敏感的触角。空着肚子的蜘蛛，身上的毛一旦被稍微触动，就会旋转起来，把长长的毒牙刺入靠的太近的蟋蟀或蜈蚣的身体。不过，这个毒蜘蛛和马蜂一碰面，情况就完全改观了。马蜂发现了蜘蛛后，即使钻进它的身体下面，或是在它的身体上来回走动，蜘蛛也根本不发火。

在蜘蛛老老实实地等待中，马蜂移动几公分后开始挖掘牺牲者的坟墓。它的脚和口激烈地摆动，挖了一个比蜘蛛的身体稍大的深约30公分的坑，一边挖一边还不断地突然从坑里把头抬起，它是在注意蜘蛛是否乖乖地呆着，而奇怪的是蜘蛛居然一动不动地趴在那儿。终于，坑挖好了，马蜂钻入蜘蛛的身子下面，在身体和脚根的正确位置，以正确的角度和深度把针刺入，不把蜘蛛杀死而是使它昏厥。这是一定要找出神经中枢的所在。在马蜂的这些行动中，蜘蛛一点儿也没有打算做什么来保卫自己的生命。并且这种行动大体上长达数分钟之久。

马蜂一下击中蜘蛛的要害，用一只脚把它拖到挖好的坑旁推下去。然后产下一个卵，分泌出黏呼呼的液体，把卵沾在蜘蛛身上之后，用土盖上墓穴扬长而去。"

实际上，更加令人吃惊的故事将从这里开始。

"孵化出来的马蜂幼虫比那可怜的牺牲者要小好几倍，但是，在它变为成虫的几周时间里，它不吃也不喝其他东西，良好地遵守着复杂的饮食计划，把维持蜘蛛生命需要的器官留待最后享用，一边保证直到它成长的最后时刻都能够享受新鲜的活物，一边一点点地消费它的食物。当马蜂的幼虫结束这场盛宴，充分长大并从墓中飞出的时候，墓穴里只剩下无法消化的坚硬的甲壳质的蜘蛛残骸。"

这个精巧的生命的诞生和消失的故事是令人毛骨悚然的现象，这种行为在生物学上的进化论或本能论，还有淘汰论方面都完全不能说明。这是不能从逻辑上解释的现象，以人的行为来说，在恋爱或者结婚之类异性之间的精神结构等不能从逻辑上解释的侧面看，与这个事例非常类似。想想看，在我们日常的工作中，也有不少无法解释的现象。业主与建筑师、建筑师与结构师、业主与结构师、业主与施工者……谁是马蜂谁是蜘蛛？这个问题要因时因地来看，但是，作为一种现象则是经常发生的事。业主是上帝，建筑师位于结构师之上，施工者应当服从设计者的意图等等，如果陷在过去的这些旧观念里不能自拔，就无法理解一些出人意料的场面了。

每当我遇到了问题大体弄清，但是苦于不能理解的场合，我就想起这个马蜂和蜘蛛的可怕的故事，于是便放弃理论上的理解，从内心肯定那些事物现象也是自然行为的一面。

按理说科学的世界里不会发生这些不可思议的现象。在科学领域里，不过把逻辑上不能说明的事物和现象叫"未知"，能够说明的部分叫"已知"，以此区别而已；但是，从历史方面看，实际上"未知"和"已知"是颠倒了，如果检讨具体部分，就会发现"已知"中的大部分是"未知"，虽说是科学的世界，从整体看最后还是很像马蜂和蜘蛛的故事。

我们的"构造学"应该是具有充分的逻辑性和合理性的学问，而实际上有相当大的部分很奇怪。如果进一步形成包括结构在内的"建筑学"总体的轮廓，极不可思议的部分就会急增。

我们能够从这种为常识所束缚的"黑箱"中逃出来吗？我认为惟一的解决办法就是弃掉常识，试着将那些事物的一切在肯定的基础上，从统计学方面把类似的事物进行收集分类，发现共同的规律，创造出新的科学。作为置身于"构造学"的我们来说，至少在自己的领域要进行这项工作；否则，不是永远也不能思考什么是正确的吗？

的确，要定义"正确的意义"是很困难的，它也是极其个人化的东西吧。即便如此，我认为积累的经验越多，就越需要努力解放僵化的大脑。

数学与飞跃性的构思 *3*

人类当中具有真正的天才能力的人，用我的话来说，"超能力者"非数学家莫属。像数学那样细致的、需要理论性和创造力的领域，在自然科学和社会科学当中也无以匹敌。

我们来想一想一个人从开始懂事起学过的数学吧。

首先，有自然数。最初的自然数是 1，而最后的自然数不存在。尽管 n 是多大的自然数，它的下面也一定存在 $n+1$。这里就出现了"无限"的概念。然后，在 n 和 $n+1$ 的自然数之间又有分数，它又是无限地，一个挨一个地把所有空隙填得满满的。这个分数的起源非常古老，据说是各种各样的民族独自地发现了它。零和负数的发现被认为是印度人的功劳，由于这个发现，两个反方向的量（向左和右的距离、过去和未来的时间等）被统一在一个数的系统里。零在数字当中也是相当特殊的存在，受到和其他数字不同的特殊待遇，在某种意义上甚至是宗教性、哲学性的存在。于是，人们就认为在数字方面，包括了正负，已经能够无限地表示了；可是，实际上还不能够完全地得以表现。

到了 19 世纪后半期，用自然数或分数不能表示的无理数被发现了。例如：$\sqrt{2}$ 等就是这种数，它是希腊的毕达哥拉斯学派从几何学方面证明出来的数字，而被定义为无理数则是不久前的事。这些都是实际存在的数，所以被称为实数；如果实际并不存在的，但是在数学上加以定义就会产生相当大便利的，就是用记号 i 表示的虚数。把定义为 $i^2=-1$ 的虚数单位和前面提到的实数组合起来，就得出了复数，数学中的虚幻的世界和实际的世界被成功地结合在一起。我想，若不是拥有超能力者，这些发现与组合确实是不可能的。

那么，在那些数字之间建立次序，利用数学公式说明事物的则有函数。大家都知道半径 r 的圆的面积 S 是 $S=\pi r^2$。此时如果改变 r 的值，S 的值就自动随之而变；而相反的，如果改变 S 的值，就自动决定了 r 的值。我们把这种现象称为 S 和 r 之间有函数关系。只要是我们日常生活中有密切关系的东西，与之相关的要点越多，并且相关的方法越复杂，就越得出高次多元函数，将它分析下去，它们之间相互的因果关系就清楚了。这是数学中最有趣的基本概念。因为要把复杂的事解释清楚，所以，函数里也有各种各样的发现，有三角函数、指数函数、对数函数、导数函数等等，发展成十分复杂的内容。我们可以把立体空间用函数来表示，所以能够轻易地分析它的立体特性并建立次序，又把微小的时间里发生的变化为单位，就可以知道立体空间的变化的一举一动。

　　从别的观点，把数的展开规则在数学上进行定义的有级数。像等差级数、调和级数、等比级数等内容，只要是"造东西"，它就是你再讨厌也必须学习的数学的一个领域。建筑里使用的主要尺寸的标准化以及级数化是"模数"。

　　在数学里面，也有些问题不能简单地获得答案。例如概率论就是其中之一。投色子时出现奇数的几率是二分之一，但是，如果那个色子有特殊，就不可能是二分之一。这个时候如果投了一千次有 400 次出现奇数，那么，投那个色子所出现的奇数概率就成为 $400/1000＝2/5$。人们把它称为经验概率，以区别数学概率。比如说：在日本出生的孩子，男性的概率是 0.54，这就是经验概率。这个世上没有无个性的绝对的色子等东西，所以，与数学的概率比起来，我们在实际工作中更多需要应用的是经验概率，统计学的理论在这里就变得非常重要。

　　但是，在数学的概率方面有表现细致周到的事实的一面。举简单的例子来说：假定我们抽签，3 根签当中有 2 根中奖的，头一个抽签的人和最后抽签的人，各自的中奖概率是三分之二。因此，抢着先抽签的做法是毫无意义的，不过也有人在心理上过分在意顺序的前后。另外，当 A 和 B 轮流地投一个色子，规定第一个得到 1 的人取胜的时候，如果从 A 开始投，A 的胜算概率就是 6/11，而 B 则是 5/11，先投的人有利。因此，如果让对方先投的话，就是放弃了 1/11 的有利机会，比赛中输的可能性增大了。

　　这些数学是初级的中学程度的水平，但是在日常活动中的应用范围非常广泛。经常听到说，我是设计人员，所以在数字方面比较薄弱这一类的话；可是，没有对数学永不满足的理解，是绝不可能进行设计的。我认为，此事就证明了正是人类在从事设计之前了解了数学。

如果知道了数学上各种各样的发现和发展，就能把漫长的历史中培养出来的人类的才智作为真实的体会而牢牢地掌握住。如果只是抱着计算机不放，就不能够实质性地活用数学，在不知不觉当中就把自己陷入"黑箱"，徘徊其中了。

使结构变得有趣的"预先"概念 4

在普通的建筑物上如果出现外力，就会产生与它抗衡的内力，怎样以最小的材料来保证外力和内力平衡的稳定，这也是结构设计的有趣之处；但是，即便是稳定的状态，每一个构件也必须经常承受所发生的应力（张拉力、压缩力、剪切力、弯曲、扭转力等）。

建筑物必须几十年、几百年地承受着自重，并且，在活荷载或风或是地震、温度变化等非正常的外力作用下，每一次都产生内力和变形。这些原因慢慢地引起建筑物疲劳，很快就使耐久力下降了。

如果预先知道外力的性质和方向及大小程度，人为地把与它正相反的力加在那个建筑物上，当那个外力发生的时候，内部的应力就一定变成零。也就是说：能够以任何地方都不产生应力或变形的极其自然的形象，使那个建筑物长存。其外力固定不变的时候，如果根据这种想法把建筑物置于无应力的状态下，就可以永久地维持。

人们把这样的概念称为预应力。在预先给预应力的意义上，根据目的和方法，各种各样的应用是可能的概念。在实际中，人类要创造出无应力的状态是不可能的，但是，主要目的在于人为地控制应力和变形，包含着不让外力任意施展淫威的决心。

最有效地利用着"预应力"概念的就是在混凝土结构里加入应力。正如众所周知的那样，混凝土在压缩力方面强而张拉力方面弱。若是通常的钢筋混凝土（RC），则是预测张拉力发生的部分，在那里加入钢筋；但是尽管如此，钢筋周边的混凝土还是受到张拉力的影响，所以混凝土的龟裂无法避免。

看上去耐力是靠钢筋保持的，所以好像没有问题，实际上由于龟裂使那个构件产生刚性低下，变形增大。水和空气一侵入龟裂部位，钢筋就生锈膨胀使龟裂幅度增大而引起耐久性低下。于是，如果在张拉力可能发生的位置，预先人为地把压缩力加入，即使混凝土受到外力作用，那个部分也就能够不发生张拉应力，永久地保持混凝土结构的优点。这是预应力混凝土（PC）的基本想法，也是现在被大量应用的结构法。

假定压缩力和张拉力都能作用在一根混凝土制的棍子上。当混凝土在压缩强度 $400\mathrm{kg/cm^2}$，张拉强度 $36\mathrm{kg/cm^2}$ 的时候，混凝土本身在拉和压方面有相差一位数的强度。如果压缩和张拉以同样程度交替发生，这根棍子的强度就决定于它是被张拉破坏的。如果预先把这根棍子捆紧，人为地加入 $182\mathrm{kg/cm^2}$ 的预应力，对于外力来说，无论压缩和张拉就都能够重新获得可以承受 $218\mathrm{kg/cm^2}$ 为止的范围。刚才只有 $36\mathrm{kg/cm^2}$ 的张拉强度的棍子导入预应力后，强度约增大六倍。

这个 PC 的概念和 RC 的设计早已经同时地开始了。在 19 世纪 80 年代，美国的杰克逊、印度的杜林克都陆续发表过 PC 的设计方案。但是，这些研究因为没有材料开发的配合，所以没有被实际采用。1928 年，法国的弗雷西奈利用高强度的钢线导入预应力的开发成功，获得专利。PC 的理论和方法被完整地记载，称之为弗雷西奈的"原理专利"。此后约 30 年间，但凡在世界上进行的 PC 开发都会触犯弗雷西奈的设计，不支付专利费就不能利用 PC。

这个专利与最近日本的建设公司大量提出的专利申请完全不同一个层次，正如文字记载的，它是原理专利，至今还是应用 PC 的技术者的必读之书。1957 年，这个原理专利的有效期结束，PC 结构在欧美各国以及日本都迅速地发展起来了。在中国也把它称为预应力混凝土，普及到整个建筑界。

不仅是预应力，"预先"这个概念在结构界的各种各样的地方也都在应用着。预制装配化是大家所熟悉的，在混凝土系统有预制、（预填骨料）压力灌浆、预摩擦力等，在桩基施工法有预钻探，作为地基改良的手法有预加荷载法，作为构造系统的预加网格等等，任何一个"预先"，对于预测结果，人为地事先采取措施的意义方面，都是共通的，对于思考结构是很有趣的启发。

在结构力学方面，只有能够确实地掌握外力的性质、大小和方向的时候，"预先"的概念才能发挥作用。不光是混凝土，例如像张拉式圆顶那样的张力结构、像张弦梁那样，主要控制了变形的组合结构等方面，也经常应用"预先"的想法。正因为如此，外力的分析和定量化是最大的课题，只要很好地解决了这些问题，就可以从"预先"入手，开展有趣的结构设计了。

在这些"预先"的概念中，我国的建筑界对于"预制装配式住宅"这个用词有许多错误的认识，如此被误解的概念鲜有前例。不知从什么时候开始，一提起"预制装配式住宅"，就令人想到：简单方便、廉价、轻型、便宜、临时设置、非正式的、噼里啪啦地组装一下就可以等等，这一类的印象深深地留在人们的头脑里。

不用说，"预制装配式住宅"包括结构都是建筑构件的工厂生产化的问题。假设有"预制度"这个词，它表示作为工厂产品的完成度和现场组装的作业量的比率，预制装配度越高，对于质量和精度的高度化，成本的降低，缩短工期以及建筑劳务的合理化等，就越有帮助。因此，一百多年以来，在混凝土制品方面也不断地进行着提高预制装配度的努力。但是在另一方面，预制装配式住宅至今陷在与生产方和消费方的要求有根本性偏差的命运中无法自拔。这种偏差形成"黑箱"，成为难以解决的部分。生产者(供给)一方只要预制装配式住宅采用工厂生产，就希望进入少品种大批量生产的轨道。他们考虑生产效率是理所当然的事。相反的，消费者(需要)一方是以工厂生产的高质量作为惟一的目的，并且希望得到符合自己心意的制品，所以对预制品的要求是多品种少批量生产。只要这种相反的、矛盾的状态存在，就看不到预制装配式住宅的整体形象。

到了最近几年，由生产方强力维持的少品种大批量的生产方式"在工业化的工厂生产的各个领域以及时代性当中也并非正确"这个问题终于被人们意识到了。尤其是考虑到建筑的个别性，把多品种少批量生产变为可能的生产方式(预制装配和手工艺的结合)的开发成为当务之急，总而言之，需求方的道理给预制装配式住宅带来了现实的意义。

对于自然能源的"结构计算"的建议 5

谁 都知道，建筑规划和结构规划是不可分割的内容。但是，在实际工作中，关于建筑规划的初期阶段怎样进行结构规划的立案，意外的是竟然无从依据。各种各样的出版书籍或著名人物的见解都是非常抽象的东西，并且从头到尾都是结构的定性论。因此，一般的人如果不依靠优秀的结构专家就不能制定结构规划。我认为，我自己的工作方面倒也无所谓，但是如果从整个建筑界来看，就有必要改善这种现象。

我们不能够说，因为是规划的初期阶段所以无视建筑和结构的相互关系。即使业主，也不能在规划的阶段找专业工程师商讨，其结果，作为双方沟通的窗口，建筑师必须掌握所有技术的统一的概念和基础技术力量，虽然说这是他人之事，却是个令人担忧的问题。

我认为，决定结构规划的重要因素当中最重要的有两点，就是建筑物对于自然界的能源应当如何利用，和如何确立那个建筑物的用途、功能的顺序的问题。而且，加上外部和内部的空间的独创性、美的意识，结构规划的骨架就完成了。许多的设计者对于重要因素中后者的用途、功能或空间方面的美的意识都具有专业的能力，但是对于前者的自然能源应当如何利用方面却不做积极的了解。因为即使对自然能源能够有定性的理解，要作定量的掌握也很困难，还必须懂得基础的物理学和数学。因此，设计者往往放弃了自己的锻炼机会而交由他人去做。然而，不做定量的研究，结构规划的立案是不可能的。

关于一般的框架结构或是承重墙结构也是这样的，即使所谓的特殊的折板、壳体、平面板、立体桁架、悬挂等结构也一样，如果参考过去的出版刊物就会看到许多定性的说法，一旦自己制定结构规划，就感觉无法下手了。

由于不能这样地进行定量的研究，所以多采用平常惯用的手法、或是一头钻进曾经用过的结构规划的框框里，对于特殊的结构方式，就说是费用太高或是施工困难等等，用各种各样的借口来欺骗业主或自己。

为了达到自然能源定量的掌握，需要进行"结构计算"，有许多人错误地认为：像结构计算这么精确度高的数学问题，恐怕没有计算机就没法算。不然，初期的规划阶段可以用心算，或是小计算器能够进行的简略计算都可称为很好的结构计算。反过来说，只要掌握了一点简略计算法，就能够很轻松地进行适当的结构计算了。

　　我的简略计算法的秘诀，一般是将整体的总量分配到各个部分进行计算。但决不是说把部分加在一起来了解整体。这种事在以后等专家慢慢计算就可以，在结构规划的立案上反而不起作用。只要知道大约的总量，就可以对自己设计的建筑物进行定量的研究，并且利用所得的结果来帮助确立建筑物的定性的形象。

　　在结构计算中，一般把自然能源称为"荷载"。荷载当中最重要的是"地球引力"，是对应建筑物的自重和活荷载。其次有风荷载和地震作用，不同地区的积雪荷载、温度变化等。也有受土压、水压影响的建筑物。另外还有受到冲击荷载或波动压、海流压的特殊的建筑物，从大的意义来讲，地基条件也纳入荷载的范畴。对于这一切自然能源，都必须认真地采取对应方法。

　　结构规划中的简略计算法就从对这些荷载的认识开始进行。在这里有若干的计算是必需的。如果介绍它的一端，假设现在有一座建筑物，规划中的总建筑面积是 $S\,m^2$，这座建筑物整体的重量是 $\alpha \times S\,t$，若把地震作用力改为静荷载，就是 $\beta \times S\,t$。这个时候 α 表示单位面积的平均荷载，β 表示对建筑物水平产生的力，可以把它看成 $\beta = C \times \alpha$。根据建筑物的用途或结构的种类、结构方式、形状的不同，α、β 的值也不同，一般性的高楼如果使用 $\alpha = 1.2\,t/m^2$，$\beta = 0.3 \times 1.2 = 0.36\,t/m^2$ 左右的值就可以。于是，根据 $1.2 \times S$ 以及 $0.36 \times S$ 这样极为简单的计算，就能知道现在要规划的设施的总重量和总水平力。当你打算在这个地球上建造坚固的建筑物时，还不了解它的总重量级是 1 千 t 还是 1 万 t 的话，应该说太轻率了。结构规划就是了解这个能源总量通过怎样的途径传到地基，换句话说，就是想通过怎样途径的问题，所以这个规划的自由度是无限地存在。根据柱、梁、壁、地板的布置，配合空间的结构目的，可以自由地选择那些结构部件的特性进行组合。

　　本来，结构计算不是追求惟一的解，而是用来发现各种各样状况之间的相互关系的手段。在与自然能源的总体的平衡中，一切存在着自由度，为了从这个自由度里找出惟一的解，结构计算和结构规划也都是不可分割的内容。

从自然与人类那儿学习了美学的伟大的先驱者们的故事*6*

不管是有意的还是无意的，人类从环境或是自然的结构原理中发现了美学。通过日常见到的各种事物，人类的艺术感被触发了，被注入生气。人类从遥远的古代起就认识到，获得美的协调就是健康和自然的证据。因此，对不自然、异常、不健全的事物就感到丑恶和不协调。对于数学家或艺术家来说，认为万物都存在着具有无限魅力的一定比率，它们被称为"黄金分割"或是"黄金比"。这是自然界随处都可以观察的比率，例如：在叶脉、种子的形状、贝壳的涡纹、细胞的成长、波纹等物体上都能看到。

所谓黄金分割，正如众所周知的那样，是指以中间的一点分割某个长度，把它一头的平方等于另一头和全长的积，作分割点的选择。这个分割法自从公元前5世纪中期在希腊被发现以来，作为创造出协调的美的比例关系的法则，一直受到人们的尊重。在帕提农神庙以及其他的希腊建筑中也都采用过，在后来的罗马时代，中世纪的建筑师们更是经常采用这个比例关系。

13世纪初期，意大利比萨(意大利中西部城市，临阿诺河，多名胜古迹，如比萨斜塔——译者注)的数学家裴波那契(Fibonacci Leonardo，约1170~1250)思考过的有名的数列，就是关于黄金分割的数列的发现。这个数列是"1、1、2、3、5、8、13、21、34、……"，即第一项是1，第二项也是1，第三项以后等于它的前面连续两项之和。欧洲14~15世纪以意大利为中心的文艺复兴运动以后，艺术家也将它当作具有奇异魔力的比率，有意识地按照黄金分割法，不断地活用在创作上。波洛尼亚的修道士路加·巴切欧利将它命名为神圣比例，在1590年发表了《神圣比例论》。19世纪的德国科学家兼哲学家的古斯塔弗·德奥多尔·费希纳，在众多的被实验者面前摆列各种各样的长方形，要求每个人把自己认为是最美丽的一个挑选出来。这时候，有三分之一以上的人们挑选了边的比是21对34(0.617：1)的长方形，这个比率正是黄金比。

又有建筑师勒·柯布西耶研究了建筑的基准尺寸的问题，在1948年制定了命名为"设计基本尺度"(以人体为依据的设计基本模数——译者注)的尺寸系列。这个尺寸系列由两组裴波那契数列组成，公比形成1.618。被称为红组系列的第一系列是将基本定在72英寸（1.7829m），然后向两个方向展开。第一项、第二项分别是6和9。被称为蓝组系列的第二系列是由红组系列的2倍的数列组成。即，第一项、第二项分别是12和18。为了使那个系列中的各种大小尺寸都与人体尺寸有关，基本数72英寸就是根据这个目的，作为最适合人体高度的尺寸而被选择的。

此外，分析自然的结构原理，以此为起点创造出近代建筑技术或美学的体系，这样的事例为数相当多。我认为，其代表性的有帕克斯顿和莫尼埃的故事。1895年在伦敦举行的世界博览会上最辉煌的纪念碑是水晶宫殿（伦敦郊外的游乐场所，1936年烧毁——译者注）。从事了这项设计和施工的约瑟夫·帕克斯顿先生，年轻的时候是德文郡公的园艺师。这座由铁和玻璃组成的巨型大厅与一切传统样式截然不同。以前当过园艺师的帕克斯顿，曾经观察过植物的结构，发现植物以最小限度的材料兼有极大的强度和荷载能力。例如老鸦头（睡莲科一年生水草——译者注）那样的植物叶片，直径有2m多，尽管很薄但浮在水面上，随着中央的茎向外侧伸长，变得平坦。帕克斯顿正是参考了叶片下面的叶脉的复杂的骨骼结构而设计了建筑物。在水晶宫殿的建筑里，从尽可能少的支柱上把一串细支柱张开，用许多细小的骨架把它们连接起来。像这样纤细的建筑物可谓史无前例。

另一个，用钢筋强化混凝土的发明，不是技师也不是建筑师，而是通过园艺师的手实现的。1697年，法国人约瑟夫·莫尼埃想用混凝土制桶，第一次利用了细铁棒。植物用这个方法正确地强化自身的支撑结构的现象，几乎是我们每日可见的。这个发现在近代结构技术中也是值得大书特书的。可是，植物却在二亿三千万年以前就在利用这个原理了。有限的条件下植物以最有效的方法，来分布自身的强化组织，并且，它对于拉抻或弯曲的抵抗力也和铁丝网或钢丝绳同样强有力。直径约3mm，高度1.5m，头上顶着沉甸甸麦穗的小麦，被风吹弯了腰又弹起来，总是笔直地站立着。生存条件越是艰难，植物的环境适应能力越是变得巧妙，越趋向多样化。通过在日常的生活中更加认真地观察植物的结构原理，人们终于发明了钢筋混凝土。

可以认为，前面所列举的五位伟大的先驱者，他们的共同点，都是在自然与人、人与科学技术，以及自然当中，通过探求美学的过程，认识了其中价值的人。

关于"技术革新"和"忽视人的作用" 7

技术革新和忽视人的作用，二者之间的相互关系，尽管是产业革命以来的人类探索的主题，但是尚未得到解决，从这个意义上说，还是很新的主题。

在计算机投入实际应用的 20 世纪 60 年代，从早到晚和那个机械面对面的计算机穿孔员，一直被人议论说，由于那个工作没有个性，恐怕会出现许多疯狂者。还有，关于生产线的自动化和从事那个工作的操作人员也同样被议论。但是，在现实中人们的适应能力要强的多，结果，就这样发展到今天，也没有成为社会问题。

不仅是适应性，高度的灌输性教育还向下一代强调这种状况是很正常的，成功地使人们的视线离开了由于技术革新带来的忽视人的作用这个问题。

因此，从表面上看起来，似乎没有形成忽视人的作用这种绝望的状态，但实际上这个问题是深刻而激烈地潜伏着，正在制造着一个更加骇人听闻的局面。精神的、肉体的混乱趋于日常化，而这些都被认为不过是很普通的事情，可以说这是常识的逆转现象。

麦克·库利（1864～1929，美国社会学家——译者注）做过以下历史性的分析。

"具有创造性的人们，总是怀着无限的孩童般的好奇心"

"具有创造性的人们，对于自己所做的工作具有强烈的动机和兴奋的心情"

"具有创造性的人们，对于问题有特殊的探讨能力"

在现代社会中，这样的人群被认为是怪人，以世人的"常识"来看，对工作感到兴奋，或是进行特殊的探讨都要遭受反对的。就连它是衡量忽视人的作用程度的准则之事，人们都要忘记了。

我常常感觉到计算机具有某种人格。它不是作为单纯的工具，它为了我的工作顺利进行而运转，有着亲切感和作为互助者的高度能力和超乎要求的速度，这一切都作为我不可缺少的助手，发挥了充分的作用。由于不是将它当作工具而是承认它的人格，就会产生我和计算机之间的正常的交往。简单地说，就是小心不要被当作计算机使用。如果放任不管，计算机就会摆出无论什么事都会做的面孔。它会把我本身的构思否定，自作主张地打算采取轻松简便的方法。因为计算机没有人的头脑那么好，所以，只能作出偷懒的解答。

我认为，关键在于把技术进步中得到的成果，一个一个地变成自己的朋友，这是技术革新和人的关系中很重要的事。只要作为朋友联在一起，其中就有好的朋友，也有不好的朋友，哪一类朋友都有存在价值，都将使我们的生活丰富多彩。最近的 CAD(计算机辅助设计)等可以说是好朋友的种类吧。对于人所无法描绘的，精致的立体图面，它能够充分地满足要求。尽管如此，为了还很拙劣的好朋友，还必须相互地磨合才行。

当然，通过把形形色色的一个个技术吸收成为自己的，就能够理解那个技术。现在存在的问题是，那个革新技术的量是非常庞大的内容，个人的里面实在无法完全收容了。因此，对于个人来说，就必须决定存入自己里面的东西，也就是面临着取舍的选择。把什么作为朋友？把什么作为无关紧要的存在？通过这样的取舍，反过来决定了现代技术和自己之间的关系。解决"技术革新和忽视人的作用"这个问题的关键，可能就在这种判断的积累中。

不是说通过技术革新，"黑箱"就被究明了，或是正在消失。相反地说，技术的进步实在不过是把"黑箱"的领域更广更深地扩大了。直到最近，人类才终于了解了这个事实。这里也有思考"技术革新和忽视人的作用"的线索。

我们身边存在的商业主义，实在是个麻烦的代用物。随着科学的进步，或是有新的开展时，一定会出现只追求利润的企业，将它作为盈利对象来左右。他们费尽心机地以各种借口进行宣传，强调能够提供这项新技术的只有自己的公司。如果只是单纯的宣传可能会觉得有趣，但是，他们却是联合了大资本或大组织，动员了官僚、学者大肆宣扬，摆出一付似乎这项技术所有者的面孔。注意不要被卷入这种恶劣的商业主义的圈套，这也是取舍选择的重要关键。他们对于新技术，只限于作为追求自己利益的工具，看上去像是帮助那个技术的发展，可是，一旦断定它不能给自己带来利益，就会马上弃之而去。更有甚者积极地支持要将那个新技术从社会上抹杀的势力。冷静地、客观地透视这些事实，在思考"技术革新和忽视人的作用"这个问题上也是很重要的。

加利福尼亚大学的多雷法斯兄弟把技能的掌握分成了五个阶段。

（1）初学者——不具有贯彻工作始终的思想。主要考虑怎样按照学过的规则，来决定自己的行动。

（2）中级者——对于工作状况的要点，通过老例子的比较找出类似性来认识它。

（3）高级者——对可能发生的结果有责任感。万一失败的时候，能够认识到那是因为自己估计不足而产生了错误的选择。

（4）熟练者——直观地形成系统来理解工作。掌握了"直观"和"技巧"。

（5）精通者——能够发挥直观能力，对于不确切的东西或难以预见的事情，或者是重大的局面马上对应处理。

使这个技能的掌握过程陷入完全混乱的原因，是由于计算机的发展和普及。在软件和硬件结合起来的计算机里，即使是初学者的命令也会遵从，在这种情况下，看不出初学者和熟练者的差别。因此，初学者就会忘记自己是初学者的身份，盲目地相信那个结果。计算机只能进行极小部分的分析，所以不能画出完整的形象。对于一个命题，它不可能拿出统一的综合性的见解。但是，计算机真是很方便的工具。在这样的环境下，初学者将失去迈向中级者的成长机会。说的绝对一点，由于计算机的巨大威力，科学技术将变成初学者的团体。其结果，通过科学技术应该创造的社会成果就更加看不到，而陷入极大的混乱。

时间轴上的问题最清楚地表示了看不见完整的面貌这种现象。现在，有人能够提早一年正确地预测这个地球上将要发生的全部变化吗？被分成细小部分的科学技术的惊人发展（所以如此混乱）的情况下，很近的未来看不见了。这种现象很容易产生重大的混乱状况。就算人类在漫长的岁月里信仰过科学技术，毕竟面对看不见未来的现实，将承受从未经历过的不安感。为了摆脱那种不安感，就会钻进自己能够理解的，被分成细小部分的小小世界里躲起来，无休无止的恶性循环在21世纪开始出现了。

我认为，切断这个恶性循环的惟一方法，就是在科学技术的进展中给予充分的时间。要从部分到总体，从总体到部分，一边多次反复，一边互相确认部分的存在和总体的存在。专业分工的程序也只能忠实地实践这个方法。因此，若不花费必要的时间就绝对办不到。而且，掌握技能的道路要一步一步踏踏实实地走，为形成总体的印象（＝本身的世界观）绝不偷懒。

技术革新对于人类来说，是必要的、不可缺少的领域。但是，它只有限定在："社会生活中，或是人类一定需要的革新"的条件上，才必须推进它。应当假以时日，让各个领域的技术在相互配合的过程中，慢慢地形成完整的东西。

对于结构计算标准或设计准则之类要把结构技术规格化的倾向，我实在难以接受。我觉得，进行设计时，规格化的建筑体系将成为根本性的障碍。我单纯地认为：正是因为一个一个的技术人员在自己思考的基础上，吸收那个设计对象的特点，一边分析归纳一边进行设计，所以才称为设计，符合不符合什么标准的事和设计是无关的。为了培育生机勃勃的技术，这是惟一的道路。对于各种各样的技术，需要踏踏实实地进行培养，我们要把它作为社会性的常识看待。

正多面体的看法、想法 8

几何学的形态中，没有什么比正多面体更神秘的东西了。正多面体中有：正四面体、正六面体、正八面体、正十二面体、正二十面体五个种类。它们无论从哪一个方向看，都具有同一的形状，所以，在历史上一直被认为是完全没有方向性的封闭的结构单位。内接圆的规则性高的正多面体，是通过把选合的正多角形各顶点转动的状态均等间隔而得到的形态。正四面体、正八面体、正二十面体，是正三角形组合形成的形状，正六面体是正方形组合形成，正十二面体是正五角形的组合。如果举出这些正多面体的性质之不同点，则以正三角形为基本的正四面体、正八面体、正二十面体，作为稳定性极高的结构单位能够成立;但是,正六面体、正十二面体则容易发生歪斜。

有关应用了正多面体以及将它们展开后的半正多面体之性质的事例,我可以举出无数个,但是,其中最有挑战性的,从原理上进行了考虑的,是美国的巴克敏斯特·富勒(Buckminster Fuller,1895~1983)的例子。富勒的结构原理是建立在正四面体具有的稳定性,作为再不能分割的宇宙平衡系统的最小单位的认识上面。关于由正三角形四面组合形成的正四面体的魅力,叹为观止的展现,富勒在他自己的著作《四个旋涡》(芹泽高志译,目标出版社)中,有淋漓尽致的论述。

书中提到,"三角形里面分别反映出:(1)最小的努力;(2)最小的系统;(3)最小的多角形;(4)最小的多面体;(5)最小的概念;(6)最小的思考。其结果,自然地形成了牢固的结构;所以,出现在概念世界的这六个最小限度状态,与大小、时间等完全没有关系;因此,仅由三角形组成的正四面体也是宇宙最小的结构体"。

另外,关于正四面体的四次元的连续性,关于"这个连绵不断的对称性",如果把奶酪切割成(1)立方体、(2)正八面体、(3)正十二面体、(4)正四面体来看就会完全明白。首先,在立方体奶酪的任意一面,沿着那面把小刀切入,削下一片奶酪的薄片,于是它就不成为立方体了。正十二面体也同样,仅仅改变了一面,正十二面体就被破坏了。但是,却有一个是例外。即使把正四面体的一面切去薄片,它变小了,但是剩下的却是绝对的正四面体。就是把四个面同时削去薄片,剩下的也还是正四面体。

有关正多面体的发现,各种说法不一,但是,可以认为毕达哥拉斯(Pythagoras)是最大的贡献者。毕达哥拉斯(约公元前582~前497,对数学和天文学都有贡献——译者注)曾以哲学家和宗教家两种身份,活跃在公元前530年代的古希腊,是一般人称为毕达哥拉斯教团的组织者,他发现了与直角三角形的定理密切相关的"毕达哥拉斯定理(勾股定理)",是一位青史留名的人物。据说他发现了五个正多面体的作图法。正十二面体的作图中一定需要五角形的作图,根据毕达哥拉斯学派曾把五角形(☆)作为团员的徽章使用的事实,推断他们已能够进行五角形的作图。

好像毕达哥拉斯学派曾经把"一切都是数字"的想法作为理论的依据，提出了整个宇宙就是音阶和数字组成。理性、正义、婚姻等也被同样看待为特定的数。数字本身是由奇数和偶数，以及有限和无限构成。在有限和奇数一侧，排列了 1、右、男性、静、直、明、善、正方形；在无限和偶数一侧排列了多、左、女性、动、曲、暗、恶、长方形，构成了有名的十对对立表。不用说这是二元论的世界观，而把宇宙作为对立物的协调，还有"1"产生数列系的一切，有限是控制无限的东西。通过这个哲理，毕达哥拉斯明确了几何学的各种定义，对我们日常生活中应用的几何学做出了巨大的贡献。

在理解正多面体方面，立体概念是不可欠缺的基本。不幸的是现代的结构学把立体结构定义为平面结构的组合。因此，若要解明立体这个结构，着力点首先被放在解析平面结构方面。例如我们知道，正六面体通过连接它的顶点，内藏正四面体。根据这个现象，可以直观地理解正六面体的构成法使力学性质发生很大的变化；可是，如果分割成平面，就无法掌握这个立体的基本特性。

如今有计算机，所以能够把立体的建筑物作为立体来解析。而立体几何学概念的学习也更加重要，正多面体的研究作为它的基本问题，十分有趣。

然而，我认为实际上并不是工具（计算机）的问题，而无非是对于建筑物的配合的姿势问题。从毕达哥拉斯到弗拉的数千年漫长的历史中，和计算机无缘的人们以自己的哲学为基础，把立体框架结构在各种各样的形态上展开，创造出建筑物的事实就是很好的证据。

何谓安全 9

建筑基准法第 20 条规定："建筑物对于自重、活荷载、积雪、风压、土压和水压，以及地震和其他振动及冲击，必须是安全的构造"。这是含蓄的法律，不提安全的程度等具体的问题，总而言之必须要安全的意思。如果过分地强调安全，建设成本就会大量增加，而如果以最低的安全线设计，当没有预计的外力发生的时候，安全就很容易被破坏了。

在结构工学上有"安全系数"这个概念。具体地说，"安全系数"

也有各种各样的内容,设计的手法要根据其见解而相应变化,是非常有趣的问题。以目前来说,大体上有材料安全系数、荷载安全系数、结构安全系数这三种代表性的观点吧。

根据那个结构的各个部分可能发生的应力的种类和大小,材料安全系数对此作出对应;如果在材料本身的极限强度上再乘以安全系数,那么,即使出现意料之外的外力,在这个范围内,材料也不会受到破坏。于是作为材料结合体的建筑物也就安全了。不仅是外力,包括材料本身的极限强度、产品质量的参差不一、施工过程的材料加工精确度的不一致等,材料安全系数都必须考虑到这些问题。这是简单明了的观点,它的长处在于根据构件或它的连接部分的重要程度,可以任意地选择安全系数,设计也很简单方便;但是,它也有缺点,如果弄错一步,就会陷入过大设计的问题中。即便我们能够说明一个个的构件或它的连接部分的安全度,但是它并不意味着建筑物总体的安全度。

荷载安全系数是对预计的各种荷载乘以某个倍率,当构件由于组合而发生了应力或变形时,保证构件的极限强度和刚性不致下降的设计手法。如果使用这个准则,可以使建筑物整体具有同样的安全度。例如,某个活荷载加在楼面上,如果在这个设想的活荷载上乘以安全系数,那么,支撑活荷载的楼面、支撑楼面的梁、支撑梁的柱子、支撑柱子的基础、支撑基础的桩……整个建筑物就可以得到同样比率的安全性。但是,这种想法的缺点是无法适用于使用材料的性质、施工性、重要程度等各个部分的变化的实际状况。

因此,我们把两种安全系数的观点组合起来,灵活应用地进行设计。

结构安全系数的观点若与前二者作比较,它需要复杂的计算,然而,它是能够正确地把握"安全系数"这个概念的方法。如果能够假设建筑物倒塌的模样,就可以采用乘以安全系数的方法,来避免那个倒塌的出现;因为将倒塌的最后模样作为对象,所以,不仅要考虑材料的弹性范围,也要考虑塑性范围。进一步还要考虑到建筑物本身的能源吸收或散发。当然,确定有可能产生的荷载,也是重要的因素。例如,对于极常见的活荷载,就不能将倒塌作为前提,所以安全系数采用大的值。但是，对于百年难得一遇的大地震来说，如果那个建筑物发生损坏也无所谓的话，即使构件本身进入塑性范围，只要不倒塌，这个设计就成立。在什么样的状态下那个建筑物倒塌？这个问题因各个结构而不同，具备特有的破坏机理，所以设计相当麻烦。当然，如果设计的条件有规定：即便是百年一遇的地震，也不能让建筑物发生损坏。那么，从理论上说这种设计也能做。

关于安全系数的种类，我作了这么多介绍，因为我认为在结构设计上这是最重要的概念。在法律上制定的一个个安全的数值，不过表示了最低值。不是说满足了最低值，就保障那个建筑物是安全的了，如果单纯依靠那个数值，就无法反映出实际状况。

前面提到的安全系数的三种见解，都各自有它的长处和短处，所以，结构设计者必须在了解的基础上，独自判断并作出决定。此事微妙地牵涉到建设成本方面，所以，在讨论安全系数的时候，找出正合适的平衡状态也是一个重要的课题。如果逃避了这个决断，结构设计就不成立。

现在的结构工学上尚未解决的，而且是最重要的问题，就是建筑物的老化现象和安全系数的关系。刚竣工的建筑物的安全系数在目前是没有问题的，但是，当十年、三十年、五十年、一百年……那个建筑物在经历了漫长的时间之后，将发生建筑物本身的恶化现象或材质的变化，或是维修的程度、环境的变化等原因，会使安全的数值不断发生变化，说白了就是安全数值下降了。当形成那种状态时，如果发生了地震或是台风，那个建筑物果真安全吗？正确地把握这个问题的方法和数据，目前还根本没有。在建筑物长久存在的意义方面，尽管有安全系数的概念，但是作为实体来说则等于没有。

在我们掌握包括时间系列的四次元解析方法之前，尚且需要作相当多的研究。每当想起"安全的结构"，我都会失去自信，觉得那简直就是高不可攀的事。

作为"统一技术"的"标准系" *10*

在我们的周围，有许多如果只是依靠我们自己的话，就无法理解的现象。对于那个领域的专家来说，那多数是些自己明白的事，可是，归根到底如果许多专家不说明各自领域的见解，就不能弄清一种现象。也就是说，从各种各样专业领域的互相作用的关系中，要创造出一种新的概念时，就必须弄清潜在性地存在的共通的问题，将其统一起来。但是，真实未必只是一个。一般说来，看到的解答都是复数。例如，想想伽利略(1564～1642，意大利天文学家，物理学家)的相对论，就会明白这个道理。

在以每小时 100km 的速度行驶的列车中，如果有人朝着前方以时速 4km 行走，那么，和他乘坐同一列车的观察员知道那人以时速 4km 在行走着，但是，在地面上的观察员就觉得他好像是以时速 104km 的速度移动着。还有，在宇宙空间的观察者也许就会观测到那个人是以加上地球的自转速度的时速在移动着吧？可是，数学上的答案只有一个。伽利略把这种场合人的移动速度以称为运动列车的"标准系"来规定，将以一定的速度运动的人放到"惯性系"去看待。他通过这样的整理，把答案归纳为一个。

可是，社会的现象并非如此的单纯，所以，根据"标准系"的设定方式，有关现象的观察结果将大幅度地陷入混乱，一般说来，因为要观察自身以外的现象，所以答案不得不变得复杂。

我们的结构学也是科学技术的成果，却没想到开始产生了这样的混乱现象。我想，当一个结构专家能够控制所有的结构技术，并且将它统一起来的时候，就不会发生这样的问题了。究其原因，因为他固有的想法即是"标准系"。现在不断被分化的各种各样的专业领域(振动工学、技术工学、地质工学、生产工学等)之间，互相交换自由的见解时，实在是很快乐。其有趣的根源在于自己所没有的"标准系"，因为能够听到有关那个工学的意见。虽然同样自称是结构专家，所考虑的事情却完全不一样。通过弄清他们之间的不同，能够进一步打开思考的世界。因此，我们出席这样的集会，并非期待有怎样的生产成果，聆听各种各样"标准系"的见解，也是值得高兴的事。

但是，必须产生一个成果的时候，也就是必须作一个建筑设计的时候，弄不好这种快乐就突然变成痛苦。因为各种各样的专家们站在个人的立场、只是用"标准系"主张随心所欲的事，不愿意从各自的立场制定出完成一个建筑所需的、贯彻整体的共有的"标准系"。

因此，如果不把一切的工学领域均衡地统一起来，固有的结构设计就不成立，即使尊重某个领域的新尝试，要求其他的领域作出妥协，对方也很难听从。要建造的建筑物只有一个，所以，往往是毫无办法。

我想，把各种各样的工学"统一的技术"也许有吧。我认为，它应该是针对复数的见解而设定的，或者是发现的"标准系"吧；那个"标准系"不是静止的东西，不是"一次决定就不会变动的东西"，而是随时、经常在变动的东西，是"跟着时间变化的东西"。作为伽利略或牛顿的伟大发现的"惯性系"的概念，应该是统一技术的基础。

如果我们一边听着高水平的专家们的意见，一边进行设计的话，由于各自都是随心所欲的见解，所以会引起混乱。因为嫌麻烦，就隐藏在只有自己价值观的世界里，打算用属于自己的"标准系"进行结构设计的做法是错误的。究其原因，即便以这种方式完成了结构设计，如果从建筑整体来思考，和其他专家之间的相互作用就得不到开发，就不能建造出有创造性的建筑。因为，围绕建筑，或是要建造固有建筑的专业领域（设计、结构、设备、施工、园林、室内设计、照明、家具、音响……）之间的相互作用被进一步要求，作为工学，很有必要找出跨越不同领域的整体的"标准系"。

一个人即使大体了解自己专业领域的事情，但是对他来说，其他的领域几乎是处于"黑箱"化状态。尽管建筑设计师设定了"标准系"，想以自己锻炼过的感性创造这样的空间，如果结构设计者提出这样那样有关保有极限强度的问题，否定那个想法，对于设计师而言，因为这些问题犹如"黑箱"中的议论，无法理解是什么意思，所以就被强制地改变了"标准系"的方向。

因此，我始终以为"标准系"的发现，就是不使它封闭形成"黑箱"，把其中的智慧结合起来，令其白箱化。只有当完成了这项麻烦的工作时，漂亮的建筑物才能诞生。

无限的思索 ◂ ◂ ◂

"黑箱"令人联想到其中有无底的黑渊、不为人知的禁止的世界。"黑箱"原来是作为工学意义上的绰号使用的词汇。

例如，侦察地下核实验的地下地震探查仪就是这种东西。它由国际机关负责封口，除了极为有限的当事者以外，任何人都无法知道它的实体情况。或是电路装置的某种东西也称为"黑箱"，把那个装置编入其他线路，组成只有他本人知道的别的新电路。飞机或火箭上搭载的"黑箱"也是有名的东西。使它们正常运行的计算机装置，是根据各自的要求制造的，不能用于其他的飞机或火箭上。这些"黑箱"都是在临出发前被安装上去，它们处于特殊的管理之下，里面的结构属于秘密。能够知道这里所说的测定装置、电路的结构或实体情况的，只限于特定的人物或机关，利用这些装置的大多数人和组织都无法了解其中的内容。由此，我把不知成为什么样子的工学和技术叫作"黑箱"，随便命名确是太不负责任。不过，实际上这样的事情在我们的周围实在是太多太多了。

相反的情况也有。笛卡尔（Descartes）（1596～1650，法国数学家、物理学家、哲学家、生理学家——译者注）的几何学很难理解，在当时的数学家里面，能够理解的就只有极少数的人。难解的原因也许是因为它的内容完全是崭新的吧，而实际上笛卡尔故意地把问题的表现弄得暧昧模糊也是一个缘故。笛卡尔说到："我什么也不发表。那是故意这样做的。对于自称一切都知道的人，如果把我的想法以他们能够充分理解的方式一旦发表，他们可能就会宣告说，'笛卡尔所写的内容都是些我们以前早就明白的东西'……"。无论过去或现在，人所做的事都一样，和建筑创造的结果非常相似。

我认为，包含了科学技术和工学领域还有人文科学的人类的行为中，本来不应该有"黑箱"。在那个时代的状况中，什么是真实的？需要正确地认识。究其原因我们都知道，没有正确理解的技术工学的利用，将给人类和这个地球环境带来不可想象的灭顶之灾。我们认为是"常识"，没有深入思考它的本质就要运用技术工学的话，恐怕就要犯很多的错误。"常识"为什么是"常识"？必须一个个地验证。你会很意外地发现有许多"假常识"。尤其是在现在这样情报过剩的时代，区别什么是真什么是假，最需要我们付出极大的努力。

科学的概念体系和日常生活的概念体系之间，没有原理上的差异。要问为什么，因为科学的概念体系来自于日常生活，在不断的修正中得以完成。"哪里"、"什么时候"、"为什么"、"是什么"、"是谁"等，由这些词汇所代表的概念是非常感觉性的内容，同时也是科学性的内容。我认为，正是贪得无厌的怀疑和思索、整体和部分之间的分析和统一，是能够逃出"黑箱"的钥匙，同时也是"结构设计"的实践的原点。其中包括"设计的新理念、新方法"的可能性。

谢　辞

　　这本书的出版计划由日本建筑协会出版委员会的山田修先生和学艺出版社的吉田隆先生提出,那是什么时候的事已经记不清了,总之经历了很长的时间。大约是十二三年前吧。老是说明年、明年……时间就这样过去了,我已经打算放弃了,却因为吉田先生执着的坚持而总算可以出版了。我写给吉田先生请求延迟的信完全都在敷衍搪塞。最后,就只是反复地提出跟这本书完全无关的提案,说是无论如何在20世纪中完成啦,以21世纪初期为目标啦等等,空话一堆。

　　我既不是学者,也不是研究人员,不过是建造实际建筑物的一介结构设计者。因此,在开展自己的"结构设计"时,并不是搞什么特殊的技术研究或开发,而只是搜集、整理并分析当时世界上常见的现有的技术,把再构筑整体的工作重复进行一次,这种工作要花费大量的精力。而且,也许是我的手艺人脾气太盛,什么都喜欢自己一手做到底吧,如果不亲自动手做那个工作,就不会涌现出新的思路,简单地说就是傻瓜吧。一旦接触到那个工程,最初在脑子里想,应该怎么做呢?思考了一段时间,整个工程的概况就印在了脑海里,"答案"也不知不觉地涌现出来了,因为这样做很费时间,所以,当设计时间短的时候,往往在施工开始之后才终于发现了"答案"。

　　而且,因为我十分喜爱"结构设计",总想把这个富有魅力的设计手法也告诉其他的人,所以,不仅参加一个个建筑的设计,对于各种各样的聚会、约稿都不推辞,一定参加,这方面也花费了大量的时间和精力。因此,就顾不上自己写书出版这种大肆宣扬的事了。

　　书都已经出版了,还在说什么理由,这不是我的习惯;不过这本书从计划到出版实在花费了太长的时间,所以,我想对始终如一地支持并热心地推荐我的山田先生和吉田先生说明其中的原因。

　　并且,最后整理这本书的时候,凭自己的力量什么也做不了。直

谢　辞

到一年前，在 SDG 的菜子真弓女士以及学艺出版社编辑部的越智和子女士的帮助下得以完成。尤其感谢菜子女士对于《结构设计》一书所给予的热爱和积极主动的帮助。

2002 年 9 月
渡边邦夫

● 蔚山足球赛场
(ULSAN SOCCER STADIUM)

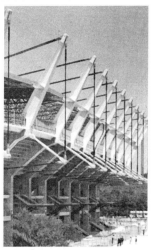

所 在 地：韩国蔚山市　蔚山运动公园
　　　　　西侧. San 5, Ok-dong Nam-gu
业　　主：蔚山市政府
设　　计：韩国 POS. AC
结　　构：渡边邦夫＋结构设计集团
　　　　　〈SDG〉
施　　工：现代建设 JV
结　　构：预制混凝土结构·S结构
规　　模：总建筑面积　911058m²
　　　　　场地面积　68m×105m
　　　　　观众席　42086 个
竣　　工：2001 年 06 月

● 札幌媒介公园、角宿

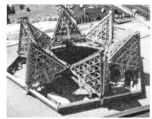

所 在 地：札幌市中央区北1条西8丁目
业　　主：札幌电视广播局(STV)
设　　计：伊坂重春＋伊坂设计工作室
结　　构：渡边邦夫＋结构设计集团〈SDG〉
施　　工：鹿岛建设 JV
结　　构：预制混凝土结构、S结构　开
　　　　　闭式屋顶
规　　模：地下2层，地面2层
　　　　　建筑用地面积　8472m²
　　　　　建筑面积　3905m²
　　　　　总建筑面积　13456m²
开闭钢骨：川崎重工业
竣　　工：2000 年 03 月

● 东京国际会议中心

大成、户田、清水、间、
铁建、日产、三菱、大木、
小田急、古久根 JV
玻璃栋
　大林、鹿岛、安藤、钱高、
　五洋、藤木、森本、地崎、
　藤村 JV
结　　构：RC、SRC、PC、PS、S、玻
　　　　　璃结构
规　　模：大厅栋
　　　　　地下3层、地面11层、塔屋1层
　　　　　玻璃栋
　　　　　地下3层、地面7层、塔屋1层
　　　　　地下　GL－20.85m
　　　　　地面　GL＋57.5m
　　　　　建筑用地面积　27375m²
　　　　　建筑面积　　　20951m²
　　　　　总建筑面积　　145076m²
竣　　工：1996年06月

所 在 地：东京都千代田区丸之内 3-5-1
业　　主：东京都
设　　计：拉菲尔·维诺里＋RVA
协助设计：现代建筑研究所
　　　　　椎名政夫建筑设计事务所
结　　构：渡边邦夫＋结构设计集团〈SDG〉
设备设计：森村设计
施　　工：大厅栋

所 在 地：千叶县千叶市中濑 2-1
业　　主：千叶县
设　　计：槙　文彦＋槙综合计划事务所
结　　构：渡边邦夫＋结构设计集团〈SDG〉
施　　工：国际展览馆　清水、鹿岛、
　　　　　　竹中、飞岛、三井 JV
　　　　　活动大厅　大林、旭 JV
　　　　　国际会议场　大成、新日本 JV
　　　　　北大厅　清水、大林、三井 JV
结　　构：RC＋PC＋S 结构
规　　模：Ⅰ期工程　地面 2 层
　　　　　　　　　　总建筑面积
　　　　　　　　　　131042m²
　　　　　Ⅱ期工程　地面 2 层
　　　　　　　　　　总建筑面积
　　　　　　　　　　33412m²
竣　　工：Ⅰ期工程　1989 年 09 月
　　　　　Ⅱ期工程　1997 年 09 月

● 志摩美术馆
（海洋美术馆）

所 在 地：三重县鸟羽市浦村町大吉
业　　主：龟川组
设　　计：内藤　广＋内藤广建设设计
　　　　　事务所
结　　构：渡边邦夫＋结构设计集团
　　　　　〈SDG〉
施　　工：龟川组
结　　构：RC 结构＋层积材张弦桁架
规　　模：地面 2 层　总建筑面积　512m²
竣　　工：1993 年 11 月

● 海洋博物馆、收藏库、展示栋

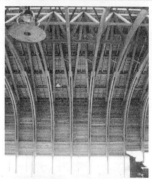

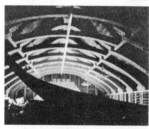

所 在 地：三重县鸟羽市浦村町大吉 1731-68

业　　主：三重县重要文化财产保护协会

设　　计：内藤广＋内藤广建设设计事务所

结　　构：渡边邦夫＋结构设计集团〔SDG〕

施　　工：收藏库　鹿岛建设
　　　　　展示栋　大西种藏建设

结　　构：收藏库　PC组装结构
　　　　　展示栋　层积材复合结构

规　　模：建筑用地面积　18058m²
　　　　　收藏库　建筑面积　　2173m²
　　　　　　　　　总建筑面积　2026m²
　　　　　　　　　层数　　　　地面1层
　　　　　展示栋　建筑面积　　1487m²
　　　　　　　　　总建筑面积　1898m²
　　　　　　　　　层数　　　　地面2层

竣　　工：收藏库　1989年06月
　　　　　展示栋　1992年06月

＊登载作品出处

▶照片提供

新建筑写真部(日本)

• P.40　图19——原饰面混凝土的外观
• P.41　图20——混合结构的内观
• P.41　图22——门厅
• P.45　图2——幕张博览会全景
• P.84　图1——从内部看打开的屋盖
• P.86　图6——开闭中的全景
• P.89　图9——屋盖开闭途中暂停的状态
• P.89　图10——屋盖完全打开的状态
• P.89　图11——屋盖关闭的状态
• P.145　札幌媒介公园、角宿(上、下)
• P.147　幕张博览会(上)
• P.147　志摩美术馆(上、下)

和木通(彰国社)

• P.86　图5——呈关闭状态的全景
• P.91　图15——圆形表演场　关闭的状态

ARCHIWORLD(韩国)

• P.103　图9——赛场内观
• P.111　图20——后拉索是这个足球赛场富有特色的外观
• P.145　蔚山足球赛场(上)